动画与数字媒体丛书

二维动画场景设计

ERWEI DONGHUA CHANGJING SHEJI

陈 磊 孙 坚◎著

中山大学出版社
SUN YAT-SEN UNIVERSITY PRESS
·广州·

图书在版编目（CIP）数据

二维动画场景设计/陈磊，孙坚著. —广州：中山大学出版社，2019.5
（动画与数字媒体丛书）
ISBN 978-7-306-06573-5

Ⅰ. ①二…　Ⅱ. ①陈…②孙…　Ⅲ. ①二维—动画制作软件—教材
Ⅳ. ①TP391.414

中国版本图书馆 CIP 数据核字（2019）第 012964 号

出 版 人：王天琪
策划编辑：邹岚萍
责任编辑：邹岚萍
封面设计：曾　斌
责任校对：王　璞
责任技编：何雅涛
出版发行：中山大学出版社
电　　话：编辑部 020-84110771，84111997，84110779，84113349
　　　　　发行部 020-84111998，84111981，84111160
地　　址：广州市新港西路 135 号
邮　　编：510275　　　　　传　　真：020-84036565
网　　址：http://www.zsup.com.cn　　E-mail:zdcbs@mail.sysu.edu.cn
印 刷 者：佛山家联印刷有限公司
规　　格：787mm×1092mm　1/16　16 印张　300 千字
版次印次：2021 年12月第 1 版　　2023年7月第 3 次印刷
定　　价：58.00 元

作者简介（一）

陈磊，福建福州人。金陵科技学院动漫学院动画系教授、硕士生导师。1988 年南京艺术学院工艺系本科毕业，2008 年于江南大学设计学院获得硕士学位。曾任职于福州大学厦门工艺美术学院数媒系。现为教育部学位与研究生教育发展中心学位论文专家评委、国家社会科学基金项目通讯评委、教育部全国高校计算机数字委员会委员、中国工艺美术行业大师专家评委、中国民族民间工艺美术专家评委、全国高校教师数字创意教学技能大赛（动画组）评委。

作者简介（二）

孙坚，山东烟台人。厦门工学院艺术学院动画专业教师。2012 年福州大学厦门工艺美术学院动画专业本科毕业；2015 年获福州大学厦门工艺美术学院硕士学位；韩国朝鲜大学设计学动画专业在读博士。曾担任（香港）卡比奇奥网络有限公司游戏动作师、西基动画（厦门）有限公司三维动画师。

内容介绍

本书通过讲述动画场景的分类、功能、构图方式、视距与景别、表现语言、色彩、光源等构成元素，探讨了动画场景设计的普遍规律。不仅从理论上进行指导，而且结合许多具体的场景设计案例，对作画、设计步骤逐一做讲解，试图为初学动画设计人员解决如何着手动笔作画、设计的困扰，既可作为动画设计专业教材，也可作为动画设计爱好者自学用书。

目　录

第一章　动画场景设计概述

第一节　动画场景设计的概念

- 学习目的：了解动画场景设计的概念。
- 学习重点：动画场景设计收集创作素材的方法。
- 学习难点：场景设计美术风格的确立。

一、何为动画场景设计

动画，无论是传统动画纸绘，还是现代数字式动画，都离不开场景的设计。

动画场景设计就是指动画影片中除角色造型以外的一切物体的造型设计。

动画场景是指围绕在角色周围的所有物体，即指角色所处的社会环境、自然环境、历史环境以及生活场所，是一个广义的大概念。动画片离不开故事情节和角色表演，场景可以起到烘托故事发生的时间、地点和角色表演的气氛的作用，是角色表演的环境。从动画中的任何镜头都能看到场景的出现，因为角色需要有表演的空间，镜头所表现的始终是场景空间中的人物和故事，场景是展开剧情、刻画人物的保障。因此，也可以认为，动画场景是指剧情展开的具体物质的单元场景，动画中故事的环境是由每一个单元场景构成的，由此可见场景设计的重要性。

场景一般分为室外景、室内景和室内外结合景。

室外景是指建筑物外部的公共空间——自然景观，如太空、院落、球场、森林、海滨、码头、街道等。例如，动画短片《六合处处喜洋洋》的自然景观场景设计（如图1－1－1），动画短片《无界》的自然景观场景设计（如图1－1－2），森林外景设计的概念图（如图1－1－3），动画短片《猫岛鼓浪屿妖怪志》的森林场景设计（如图1－1－4），动画短片《再见大海》的海景码头设计（如图1－1－5），动画短片《老鼠狂想曲》的海边沙滩场景设计（如图1－1－6），动画短片《六合处处喜洋洋》的农家院落场地设计（如图1－1－7），动画短片《再见大海》的居民院落场景局部设计（如图1－1－8），动画短片《猫岛鼓浪屿妖怪志》的街道场景设计（如图1－1－9），动画短片《再见大海》的街道场景设计（如图1－1－10）。

图1－1－1

图1－1－2

图1－1－3

图1－1－4

图1－1－5

图1－1－6

图1-1-7

图1-1-8

图1-1-9

图1-1-10

室内景是指所有角色居住与活动的房屋建筑、交通工具等的内部空间，包括私人空间与公共空间。

以私人空间为例，含有卧室、书房、厨房、卫生间、客厅、阁楼、私人办公室、轿车内部等。例如，动画片短片《老鼠狂想曲》的厨房设计（如图1-1-11），动画片短片《天黑黑》的厨房设计（如图1-1-12），动画短片 *Day Dream* 的客厅设计（如图1-1-13），动画片短片《小丑》的儿童房设计（如图1-1-14），动画短片《水之梦》的儿童书房设计（如图1-1-15），动画短片《老鼠狂想曲》（如图1-1-16），等等。

图1-1-11

图1-1-12

图 1－1－13

图 1－1－14

图 1－1－15

图 1－1－16

公共空间包括宫殿、酒店、厂房、庙宇、轮船、飞机、公共汽车等，如动画短片《熄灯人》的公共汽车内部设计（如图 1－1－17）。

室内外结合景是指内景与外景结合在一起的景，既包括室内景，也包括室外景，属于结合性的场景，其特色就是内外兼顾，富于变化，适合处于不同层次空间的角色同时表演。如动画短片《兔子料理》的场景设计（如图 1－1－18）。

图 1－1－17

图 1－1－18

二、动画场景设计的基本要求

（一）动画场景设计的生活化

场景设计要从生活出发，根据剧本的要求，在明确影片风格、理解时代背景特征后，尽量深入感受和体验生活，这样表现的场景就会有许多细节可以表达，画面也会比较充实，即所谓的艺术来自生活。

仔细观察，是开发具有真实生活感场景设计的关键，首先要仔细观察周边的生活环境，对动画创作人员来说，学会观察生活是一项非常必要的能力，是创意过程中有意义的活动之一，这同你坐在计算机前或者绘图板前工作一样的重要。

例如，日本动画大师宫崎骏的动画片《龙猫》中用乡间风景作为影片的创作背景。其实这些乡间风景是他在儿童时期农村生活过的环境，经过对景物的重构与创作，使得动画场景得以重建，并让人感觉亲切温馨。

动画场景的设计遵循的原则是从生活出发，而不是凭空臆造。动画片《龙九子獬豸》是根据福建闽北永定的民间传说改编的故事，其中的民居设计就具有闽北的建筑风格（如图 1 －1 －19）。而《西北雨》则是根据福建闽南的童谣改编的一部具有浓郁闽南地方特色的动画短片，片中房子的设计就具有闽南红厝的特点（如图 1 －1 －20）。

图 1 －1 －19

图 1 －1 －20

动画场景的设计不仅要遵循生活，更要高于生活，要在做田野调查、深入生活的基础上进行概括和提炼。动画短片《猫岛鼓浪屿妖怪志》是由著名的厦门鼓浪屿的鬼屋传说改编的故事，其场景是根据鼓浪屿几处著名街道与建筑再设计的，还原与再现了鼓浪屿美丽的景象，让来过鼓浪屿游玩的人们从短片中可以找到熟悉的影子（如图 1－1－21、图 1－1－22）。

图 1－1－21

图 1－1－22

（二）动画场景设计的艺术性

随着各种科技的迅猛发展，技术已经无法再限制人的创作，唯一可能限制你的只有想象力。

动画场景设计应追求一种绘画感和装饰感，因为动画本身就是一帧帧活动的画面，要求每一帧停止的画面都是独立的、具有艺术美感的。

场景艺术性之所以重要是因为角色虽然在动画片里是主体，但占画面的面积较少，动画片镜头中可以没有角色，但一定会有场景，场景占据屏幕面积的绝大部分，观众的视线会被场景的画面所包围。观众在欣赏动画时，除了追随动画的故事情节之外，潜意识里也有一种对场景的期待。

在拍摄动画电影《大闹天宫》时，导演万籁鸣先生就聘请了我国著名的装饰画家张光宇、张正宇兄弟担任造型和场景的设计，从而奠定了影片装饰艺术的风格，成就了当今中国动画片美术设计的经典之作。

动画短片《春草闯堂之庙前偶遇》是根据福建地方剧种“莆仙戏”而创作的，在场景设计时考虑用福建三宝之软木画的艺术形式，让动画片更加具有福建的地方特色（如图 1－1－23、图 1－1－24）。

图 1－1－23

图 1－1－24

（三）把握主题，确定基调

在进行动画场景设计的时候，要牢牢把握动画影片的主题，寻找动画影片的基调。影片的基调就像音乐的主旋律，无论乐章如何变化，总会有一个基本情调，或欢快，或悲壮，或庄严，或威武，或诙谐等。如果需要制作一部历史题材的动画片，不管你怎样发挥自己的想象力，非常重要的一点是如何让片中的细节显得更为真实，因此调研变得非常重要，是必不可少的工作之一。信息的来源可以是到图书馆查阅相关的资料，这能帮助我们节约在计算机前查找资料所需要的大量时间。

表现古代历史故事，主要依靠广泛阅读图书和刊物、画册和影像资料，还可以通过观摩影片、戏剧等其他门类的艺术作品，作为参考和借鉴。如，美国动画电影《埃及王子》的场景设计，观众借此进入恢宏的古埃及文明，让人迅速感受到埃及王朝的神秘与庄严。动画短片《春草闯堂之庙前偶遇》，无论是场景设计还是人物设计，作品的风格始终保留了"莆仙戏"的元素（如图1－1－25、1－1－26）。

图1－1－25

图1－1－26

动画场景的设计要与动画角色设计风格相匹配，不同场景之间的风格特征也需要统一，动画场景设计对镜头画面的形成有决定意义。如水墨动画片《牧笛》是导演特伟先生看中中国国画大师李可染的作品《牧童和牛》之后，按照李可染先生的风格绘制水墨画拍摄而成的。

动画短片《三个和尚》的美术风格是带有漫画风格的色彩，导演阿达选用了漫画家韩羽先生的写意风格作为短片的艺术基调，人物和场景设计颇具幽默感，也使整个电影作品充满讽刺和幽默意味。一部影片如果要达到统一的风格和良好的效果，首先要确定的就是造型风格，而造型风格的确定又需要对题材风格进行研究，将造型风格和题材风格统一起来。

动画短片《浮冰》就是利用漫画的手法，表现了在灾难来临之时，心灵丑陋的人们各自自私的想法和不堪的命运，讽刺和幽默的手法与画风相吻合。

图 1－1－27 是该作品的几幅生动截图。

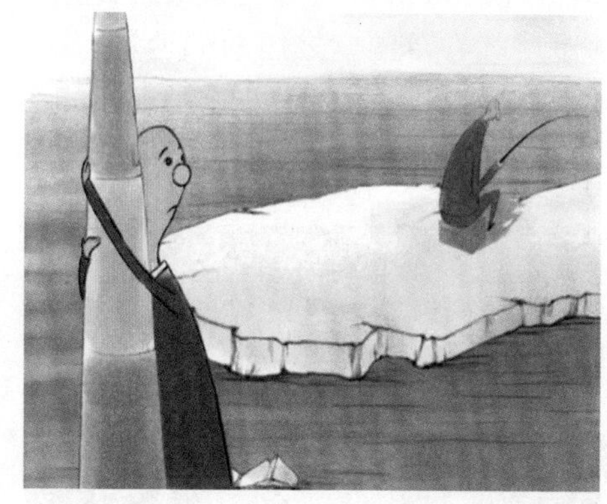
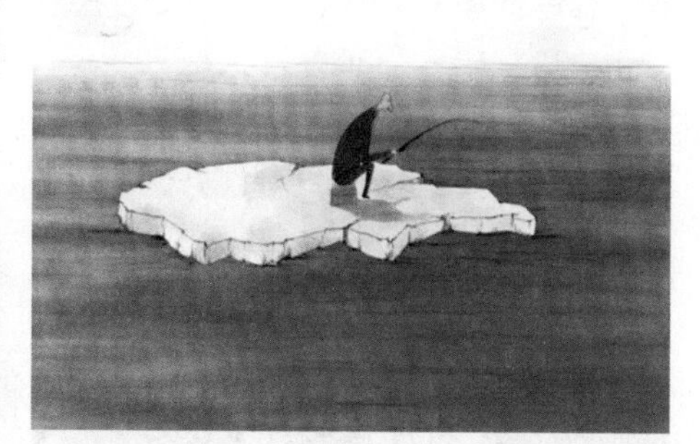

图 1－1－27

神话和科幻类的场景超出了我们生活的空间，无法通过实际观察得到，如果要制作一部关于未知空间的动画，就必须掌握尽可能多的相关资料，作为进行创作时的参考，同时超凡的想象力也变得十分重要。如以墨西哥亡灵节作为背景的动画电影《Coco，寻梦环游记》，构建了一个亡灵世界，通过小男主角连接起亡灵世界与现实世界的联系。亡灵世界是神话，超越想象，创作中非常重要的一点就是如何让片中的细节显得更为真实，这需要做许多细致的工作，不管我们对影片喜欢与否，我们都已身处一个视觉世界当中，会受到影片中艺术风格的影响。《Coco，寻梦环游记》动画设计人员创造了一个既有艺术性又有教育意义的动画作品，无疑是非常成功的。

动画短片 *Cloud Loli* 是超越我们生活空间的一部科幻类的动画短片，影片通过一个名叫 Loli（萝莉）的小姑娘的各种幻想，将观众带入一个粉色的云中世界（如图 1－1－28）。

图 1－1－28

动画短片《倒霉的羊》的定位是平面装饰风格，因此，从这个动画片里我们可以清晰地看到其独特的艺术效果：每一帧画面都讲究画面线条的疏密对比和同类色块的对比。如，图 1－1－29 是《倒霉的羊》中春天的色彩设定，图 1－1－30 是该片秋天的场景色彩。

图 1－1－29

图 1－1－30

要把所有你想知道的有关动画场景设计的内容全部放进这本书是不现实的，重要的是，我们希望这本书能鼓励大家动手创作自己的动画，因为只有实践才是最好的老师。

课程作业

1. 认识深入生活和收集创作素材的必要性。
2. 为什么说确定美术风格对动画片创作尤为重要？

第二节　动画场景设计的类型与风格

- 学习目的：了解动画场景设计的类型和风格。
- 学习重点：动画场景设计的三个不同大类的优点。
- 学习难点：动画场景风格的学习和运用。

一、动画场景设计的类型

动画场景设计从制作形式上可以分为三个大类。

（一）二维动画形式

二维动画是指只有二维空间的画面，是在平面上表现的画面。无论在什么材质上表现，不管画面再现的立体感有多么形象，模拟真实的三维空间效果有多么逼真，终究只是在二维空间上进行的，因此，二维动画就是在二维空间中表现的动画。

中国早期二维动画短片如《大闹天宫》和《九色鹿》等；美国迪士尼动画《猫和老鼠》《狮子王》等；以宫崎骏为代表的日本二维动画系列《千与千寻》《龙猫》；等等，都是享有盛誉的二维动画杰作。

如动画短片《水之梦》（图1－2－1）和动画短片《猫岛鼓浪屿妖怪志》（图1－2－2）就是二维动画的表现形式。

图1－2－1

图1－2－2

（二）定格动画

定格动画也称为材料动画，是通过逐格地拍摄后使之连续放映的动画类型，它将不同材料如泥偶、布偶、纸偶、木偶、剪纸、折纸拼贴等制作的角色和场景一帧帧地进行拍摄，故也称为摆拍动画。如中国早期布偶动画片《阿凡提的故事》、剪纸动画片《猴子捞月》、木偶动画片《神笔马良》、皮影动画片《东郭先生和狼》、折纸动画片《聪明的鸭子》等，以及现代的美国定格动画片《小鸡快跑》《种子那点事》等都属于这一类动画。

定格动画的材料不拘一格，可以采用任何的材料进行制作。如图1－2－3、图1－2－4均来自定格动画片 *life tree*，是用小黑豆、小黄豆、小红豆制作成不同角色形象后逐格逐帧拍摄出来的。

图1－2－3

图1－2－4

如图1－2－5、图1－2－6是定格动画片《记录中国》的画面，是用录像带作为造型工具，根据形的需要，按绘画的步骤逐格逐帧进行拍摄的。

图1－2－5

图1－2－6

定格动画片《睡美人》是用剪纸、拼贴的手法进行造型，再进行逐格逐帧拍摄的（如图1－2－7、图1－2－8）。

图1－2－7

图1－2－8

定格动画片《牧人和羊》是用布、毛线麻线等拼贴进行造型再逐格逐帧拍摄的（如图1－2－9、图1－2－10）。

图1－2－9

图1－2－10

定格动画片《嬉戏》是用布、毛线、针织等造型，进行逐格逐帧拍摄而成的（如图1－2－11、图1－2－12）。

图1－2－11

图1－2－12

（三）三维动画

随着计算机技术的突飞猛进，三维技术的不断发展，渲染和计算力的逐渐增强，三维动画越来越受观众的青睐。三维动画又称 3D 动画，采用三维动画软件在计算机中构建一个虚拟的空间，其精确性、真实性和无限的可操作性给人以耳目一新的感觉。当今技术设备以及资金的不断投入地，使得三维动画越来越真实，以功夫熊猫第一部和第三部为对比，可以明显地看到毛发渲染技术的进步，动画人物变得更加活灵活现。三维动画软件包括建模、材质贴图、骨骼蒙皮、动画、粒子、动力学、灯光、渲染等模块，三维表现的技术是根据对象的设计尺寸，先建立框架场景模型，再设定该模型的运动轨迹、虚拟摄影机的运动和其他动画参数，最后为模型贴上各种特定的不同的材质，再打上所需要的灯光效果。目前国际上三维软件层出不穷，目前常用的是 3ds max、Maya、Zbrush、C4D 的技术。风靡全球的美国动画电影《疯狂动物城》和《寻梦环游记》就是 Maya 制作的三维动画电影。

如，图 1－2－13 是动画短片 *End* 的截图，图 1－2－14 动画短片《寻宝》的截图，它们都是采用三维软件制作的。

图 1－2－13

图 1－2－14

当然，三维软件不仅能表达立体效果，还可以有其他作用，如利用三维软件技术来渲染二维效果。图 1－2－15、图 1－2－16 是三维动画短片《春草闯堂之庙前偶遇》的截图，就是很典型的在三维中表现二维的例子，它利用三维软件，将人物与物体设置成薄片，使得画面变成二维的纸皮状，这与人们印象中的三维效果迥异。

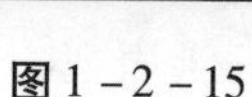

图1－2－15

图1－2－16

二、动画场景设计的风格

动画片的设计风格是在不断的创作实践当中形成的，就好比一个绘画师，在自己的绘画道路上不断探索而形成一个时期的风格，而随着阅历的丰富，或者受社会发展、政治因素、文化积累的影响，他会不断改进或演变自己的风格，一旦创作方式成熟，创作类型化风格也会形成。如皮克斯的动画电影已经形成了一种特有类型。

分析已有的动画片，大致分为如下几种风格类型。

（一）写实风格

所谓的写实风格，在艺术表现形式上属于具象艺术，是通常采用的一种艺术表现手法，是艺术家通过自身的感受和理解，对物象具体观察、描摹、再现的过程，这种艺术形式符合观众的视觉经验。如图1－2－17、图1－2－18是动画短片《西北雨》的场景：闽南红砖古厝，红砖墙的立面和屋顶的燕尾脊背结构表现得十分细腻，房屋材质效果十分真实，是闽南民厝的真实写照，十分贴近生活，为观众提供了审美愉悦。观众可以通过片中的场景了解闽南红砖厝建筑的风貌，

图1－2－17

图1－2－18

写实风格场景的特点是具有现实感，从手法上可以有多重层次的处理。细节上的多层次表现，使塑造的形态质感特征更加真实可信。如宫崎骏的《龙猫》是一部反映日本乡间生活的动画片，观众可以通过写实的场景设计来了解日本乡间建筑的风貌，写实风格使影片更具生活化和真实性，符合大多数观众的审美需求。

写实风格的场景设计，充分地表现了各种人文景观、地域风貌等特征，将各地的人文景观带到观众面前，给他们以视觉享受。

如图 1－2－19 至图 1－2－22 是以厦门鼓浪屿为原型创作的动画短片《猫岛鼓浪屿妖怪志》的一组截图，大家可以通过其场景的设计感受鼓浪屿的弄堂和红砖楼所特有的人文景观。

图 1－2－19

图 1－2－20

图 1－2－21

图 1－2－22

（二）装饰风格

所谓装饰风格，是指在艺术表现形式上运用高度概括的美学语言、形式美的规律，用变形、添加纹饰、重构等手法对自然物象进行加工，从造型、构图、变化规律等入手进而促成装饰风格的生动性而形成的，是一种体现超级审美观念的艺术形式。装饰风格要求在表现形式上不仅再现所见的物象，而且对之做选择和概括，从而表现设计主题。

中国动画片《大闹天宫》的场景设计，在色彩的处理上采用了概括提炼的表现手法。所谓提炼，就是指对所收集素材进行去繁就简的处理，突出其独有特征、局部个性的一种艺术再创造活动，提炼的目的是用简洁的艺术语言表现丰富的内涵，使形象刻画更超卓、更出色，更突出主题。

动画片《九色鹿》的艺术形式就是采用装饰手法来表现的，无论是色彩还是造型，都以敦煌壁画为摹本，它的特点就是具有独立性。敦煌壁画不论是初创期还是较成熟的后期，装饰意识都十分明显，且不同于其他艺术的装饰手法，在表现手法上，它吸收了印度晕染画法，同时继承了传统壁画艺术的色彩的浓重描绘技巧，色彩丰富而层次分明。《九色鹿》的构图打破了时空界限，画面装饰意味浓烈、主题突出，形成了独立的审美样式，其内容特点是侧重于欣赏性的，其形式特点表现为在造型上有一定的简约性和概括性。

现代的装饰表现手法突破了具象和抽象的视野，这一艺术表现手法运用于动画片则表现为强调节奏和韵律，更具特殊的美感。节奏原是音乐中的术语，指节拍有序地长短变化，在造型领域中则是指形态有规律地重复和变化。节奏主要是通过形态有条理性地排列以及色彩有序地组织而产生的，富有节奏的画面能使观众在欣赏画面时产生悦目的感官感受。如动画片《海洋之声》的装饰手法就具有强烈的节奏感和韵律感。

图1－2－23、图1－2－24是以福建畲族为原型创作的动画短片《涅槃》的截图，大家可以通过画面的设计感受畲族所特有的服装特色。畲族的服饰十分具有装饰性，因此，在场景和其他道具设计时也要采用相同的装饰风格。

图1－2－23

图1－2－24

图1－2－25是动画短片 *Fairy Tale* 的一个镜头截图，画面的设计十分具有童话意境，无论是场景还是人物都使用了相同的装饰风格，与故事情节十分吻合。图1－2－26是动画短片《倒霉的羊》中冬天的一个画面，画面的装饰设

计以画中画的方式构图，整个画面采用反底工笔勾线的装饰手法，背景在满屏的雪花衬托下做虚化处理，画面所特有气氛很能引起观众的共鸣。

图1－2－25

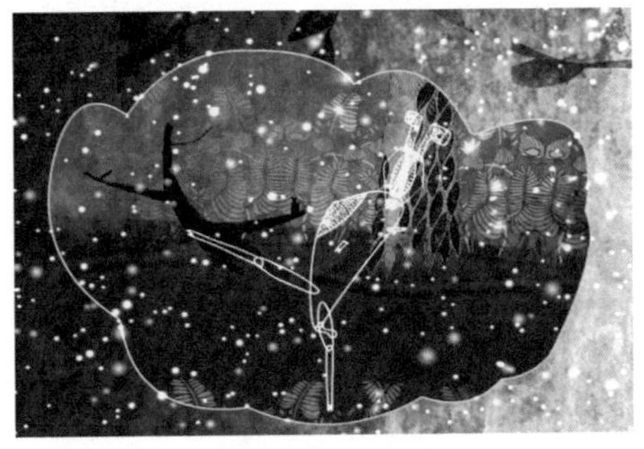

图1－2－26

（三）夸张风格

夸张，是为了达到某种艺术效果而将所表现的物体典型的有代表性的特征人为地进行扩大、缩小、伸长、加粗、变细、扭曲、幼稚化等夸大处理，使其更具趣味性，以达到装饰的效果。

天空和海底是人们知之甚少的领域，也是让人们充满幻想的空间，给人以无限的遐想，因此，在许多动画片里我们都可以看见许多对它们的夸张描述。如，图1－2－27是动画片《有梦的孩子不孤单》的场景设计，对孩子的梦采用了夸张拟人的手法，让天空的云彩卡通形象化。图1－2－28是动画片《水之梦》的场景设计，将男孩对水底的梦幻用夸张变形的手法表现出来，让海底世界的鱼和建筑变成统一夸张的语义。

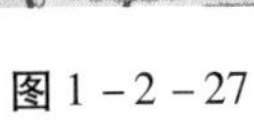

图1－2－27

图1－2－28

夸张是在简化的基础上进行的。夸张也是奇幻的表现手段之一，将物象幽默化和趣味化，赋予一种新奇与变化的情趣。动画片除了通过对人物以及事物的形象夸张渲染外，更是借助想象，通过镜头语言，将人物造型、动作、场景风格夸张组合在一起，引发人们丰富的想象。每一个经过装饰的造型都包含夸张成分，又经过美化过程而形成装饰形态，特别容易引起观众的共鸣。

中国早期动画《三个和尚》的设计图，从形象到场景都使用了夸张的漫画手法，增加了动画片的幽默性。

（四）中国画风格

采用中国传统的国画——水墨画、工笔画来创作动画片，由此成为特有的艺术风格，此即为中国画风格。

1. 水墨画

中国水墨动画也是在经过不断的实践后才确立风格的，早期的水墨画动画片都是导演根据画家水墨画的风格进行创作的，如《小蝌蚪找妈妈》《山水情》《牧笛图》《鹬蚌相争》等都是该类型经典的动画片。近年来更是有许多艺术工作者对水墨画风格的动画作品进行了大量的创作，如动画短片《风之子》（如图1－2－29、图1－2－30），将传统语言与新题材结合起来，既拓展了绘画语言的潜力，又增加了新题材的文化内涵，同时在绘画材料应用上积极探索，尝试新材料新技法，这也是对美的回归及艺术性的捍卫，成为新水墨区别于实验水墨的关键。

图1－2－29

图1－2－30

2. 工笔画

工笔画风格的动画片近几年也越来越受观众喜欢，这是一种透过描绘视觉形态表象而达到提升与完善创作方法、张扬创造精神的艺术方式。如2015年获得高度评价的杨春的作品、入围第88届奥斯卡金像奖申报初选的仿宋代工笔花鸟画的动画片《美丽的森林》（如图1－2－31、图1－2－32），该片给奥斯卡的动画片带来了新的审美元素，展现了中国传统工笔艺术无尽的和谐意境，表现出生气与生机，并以创作者主观的艺术表现方式体现了对和谐自然世界的思考。

图1－2－31

图1－2－32

动画片短片《无界》也是采用中国宋代工笔画风格创作的（如图1－2－33、图1－2－34）。

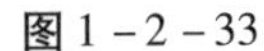

图1－2－33

图1－2－34

（五）剪纸风格

剪纸自诞生以来，其流传面之广、数量与样式之多，是其他任何一种艺术形式所不能比肩的，在世界许多民族的民俗活动以及人们的日常生活中，它无处不在，无处不有，从婚嫁迎娶到祭神祀祖等仪式活动都离不开剪纸的点缀，剪纸在这些场合起到了美化的作用。剪纸具有夸张、概括造型和快捷成型的特点，其影绘附加装饰的手法既抓住物象特征，又做到了线条粗细有致、布局合理，从而产生了极为丰满的装饰性。

剪纸艺术一直是世界多民族人民的瑰宝，多年来不断有人采用剪纸的艺术手法来创作动画片，形成特有的艺术风格即剪纸风格。

早在1926年，德国艺术家洛特·莱妮格尔（Lotte Reiniger）就制作了一部90分钟的经典剪纸动画片《阿基米德王子历险记》。90多年过去了，片中那些精美的剪纸艺术依然美轮美奂。

中国1981 年出品的剪纸动画片《猴子捞月》、近年来出现的动画短片《鹊桥汇》（如图1－2－35），都是以传统与现代各种元素融合的剪纸形式来表现二维动画。

图1－2－35

（六）其他风格

目前包括实验动画在内的动画设计从业者们，采用各种手绘方式进行动画创作。如2018 年推出的仿梵高油画笔触的油画风格动画片 *YAN GOGH* 深受人们赞誉。还有些动画短片的创作形式丰富多样，如图1－2－36 是二维动画短片《六合处处喜洋洋》的一组截图，该作品利用六合农民画的艺术形式表现动画，是传统风格与现代工具结合的创新尝试。此外还出现了仿版画、素描、水彩、沙画等艺术形式的动画片。

图 1－2－36

有些动画片会在片子的某个部分使用不同的艺术手法。如，获得 2017 奥斯卡最佳动画片大奖的美国动画电影《寻梦环游记》，作为三维动画片，二维的剪纸动画形式在故事里首尾呼应，艺术效果同样震撼，动画短片《伢彩》的主要场景采用的是将材料制作成品定格逐帧拍摄的方法，人物则采用二维手法，大家可以从图 1－2－37、图 1－2－38 中看出这两种不同手法结合得很好。

图 1－2－37

图 1－2－38

总之，动画场景的类型与风格的不同，是由多方面因素造成的，不同时代的审美都会对动画的场景设计造成一些影响。创作出各具特色的动画片，既是个性化动画艺术家的完美追求，也是当今人类审美多元化的艺术需求。

在没有形成自己的风格时，我们可以学习与借鉴不同风格，通过提高技术水平与艺术修养，积累情感，并利用独特的笔墨，达到自然载体、个性语言、意境意趣的统一。客观地表现对象形态，通过情感寄托，既能引起大众共鸣，也能给予观者某种联想空间。

小　结

本章讲述了场景设计的概念、类型和风格，类型以生产形式分，风格依创作形式定。动画片的设计或者场景的创作设计方式有时是多样的，但大多数时候都是由某种主要方式来决定的。同学们可以多看多学各种类型的动画片，同时思考风格和类型对表达动画片的意义。

课程作业

分析几部不同风格的优秀作品，具体回答不同风格的动画场景的表现手法的不同之处。

第二章　场景在动画影片中的功能

第一节　交代时空关系

- 学习目的：了解场景设计的概念和任务、场景在影视作品中的功能。
- 学习重点：场景设计的概念和场景的功能。
- 学习难点：场景的功能。

动画片作为一个整体，从剧本、角色设定、场景设定、中期动画、后期特效与配音到画面风格，每一部分都不可缺少。观众在观看动画片的时候，通常情况下，首先被动画角色造型所吸引，喜爱角色的性格、外观造型；其次被剧情所吸引。观众可能觉得场景在动画片中的作用并不是那么重要，其实不然，你能想象一群演员在一个没有背景没有环境的状态下展开剧情吗？场景在动画影片中的作用无处不在，具体体现为营造氛围、强化冲突、塑造更完整的角色、交代时空关系、叙事功能、隐喻功能等。下面我们结合动画片中遇到的场景来分析场景在动画影片中的重要功能。

一、叙事空间

叙事空间是指影视作品中与情节结构和叙事内容紧密联系，事件、矛盾所发生、发展过程得以展开的空间环境。

这个空间要符合剧情的内容和特点，体现故事发生的地域性、时代性和民族性，以及角色在剧中的年龄、职业、性格、喜好等，这个空间还是交代剧情发生、发展、结局、地点和时间的关键。

电影或动画电影，开场通常都会有一个只有场景的全景镜头或者鸟瞰镜头，其目的就是交代影片事件发生的整体时间和空间。

图 2－1－1 来自动画短片《天黑黑》的第一个镜头，这个画面是影片一

开始就呈现给观众的一个跟随镜头，也交代了影片故事发生在天黑、要下雨的田间，交代了剧情的发生，为后面的故事发展点了题。

图2-1-2则交代了动画中主线故事第一幕发生的地点——古厝，同时还描绘了古厝内下雨的天气环境，女主人因为下雨不见老伴回来而焦急地来回踱步（如图2-1-3）。接下来的场景则继续揭示影片故事矛盾发生的场地——厨房（如图2-1-4），老夫老妻因为鱼是要煮成咸的还是淡的而发生了激烈的争吵。

图2-1-1

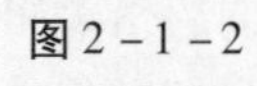

图2-1-2

图2-1-3

图2-1-4

《天黑黑》这部动画片故事是根据闽南民谣改编的，在作品中，场景交代的地点更加严谨，充分体现了闽南风格，拥挤的厨房和随手可取的道具让矛盾在厨房里升级，由争执上升到打斗直至锅鼎被打破（如图2-1-5、2-1-6）。

图 2－1－5

图 2－1－6

在美国动画电影《花木兰》中，我们可以看到第一个场景——长城的夜晚，观众通过场景可以了解到故事发生的地点和时间以及时代背景。故事发生在古代中国南北朝时期的某一个个夜晚，战争即将发生。这就是场景在动画影片中的作用，具体体现为营造紧张氛围、强化冲突、塑造更完整的角色、交代时空关系的叙事功能。

动画短片《西北雨》是由闽南童谣故事改编而来的，因此，在构思场景与人物时，需要充分了解闽南地区的民俗民间文化，将闽南的元素加入场景设定中。图 1－2－7 中的场景分别告诉观众故事发生在闽南、当地婚礼中的两个主要仪式：新郎在结婚当天凌晨举行的“上头”仪式，以及新娘入门后的“相见”仪式，人物与场景勾勒得活灵活现，在传统民居家具的衬托下，每一幅场景设计都十分贴合婚礼的风俗特点。

图 2－1－7

二、精神空间

叙事空间中某些造型因素，通过观众的联想，构成充满情调的氛围，形成另一个完整的空间环境形象，同时，观众在接受画面中内容信息时，引起动情的思维空间，使得情绪神经兴奋点停留在某个特定的历史阶段或某个精神境界之中，这就是精神空间。

如，《功夫熊猫 3》的田园家景为观众带来了一幅令人神往的和谐家园图景，《花木兰》场景之长城烽火台的烟火点燃，就如同给观众拉响了片中的战争警报，将故事推向高潮，《狮子王 3》的最后一个场景镜头，构建了一个完美的环境形象：甜美温馨，观众通过迎面而来的画面感受到了欢乐的大结局场面，等等。

动画短片《再见大海》讲述了一只猫咪送小鱼回到海里的故事，观众通过猫望海、吞鱼、狂奔、吐鱼等一系列的动作串联，将心底的恻隐之心激发出来。场景设计复杂，有台阶、有陡坡和各种需要猫咪跳跃的场所，目的就是想通过画面让观众感受到执着做一件好事的不易（如图 2 – 1 – 8 至图 2 – 1 – 11）。

图 2 – 1 – 8

图 2 – 1 – 9

图 2 – 1 – 10

图 2 – 1 – 11

课程作业

分析一部优秀作品的场景，具体解说动画场景在此处的功能。

第二节　营造情绪气氛

- 学习目的：观察和学习优秀作品是如何营造氛围的。
- 学习重点：提取场景“骨骼”。
- 学习难点：场景的造势功能。

场景是一个相对整体的概念，很多人认为画好一棵树木，组成一片森林；画好一块石头，组成一座山脉；最后把房子、山脉、树林、天空组合在一起，就是一幅好场景。这种罗列式的做法，就像大商场的货架，只是把商品整齐地摆在货架上，但相互之间没有任何关系，视觉上也不美观。好的场景起到刻画人物、贴近剧情、使故事发展带有环境和情绪色彩并具有时代印迹的作用。同样一个场景，改变不同的气氛，可以改变人物形象的内涵，好的场景气氛可以使故事里的人物和环境交融，文学作品里常常说的托物言志、以景喻人等多种艺术效果，通过画面同样可以达到。场景气氛可以展示故事气氛，如寂静深邃的大海、硝烟迷漫的战场、电闪雷鸣的夜晚等，这些镜头起着承接上下镜头的作用。总之，营造场景的气氛可以通过镜头的角度、景物的大小、光影的强弱、色调的明暗等方式处理。

场景是一个整体概念，一幅幅场景互相影响，各个物体之间有着千丝万缕的关系，所以，如何渲染一幅场景的整体气氛就显得尤为重要。渲染这个概念本是中国画中一种特殊的技法，旨在对需要强调的地方多面着墨或着色，突出某个重点画面。运用渲染这种表现手法，对画面中环境和人物着力描写，以加强气氛，深化主题，表达人物一定的情绪。

在动画片中，根据剧情的需要，要求在特定的情节下营造出特定的气氛和情绪，这就是动画场景设计不同于一般的游戏场景设计、建筑场景设计、环境艺术设计的地方，它需要考虑的因素很多，要服务于影片中的角色和剧情。

一、用“势”营造场景气氛

所谓“势”字，原意是“高原上的球具有往低地滚动的力”。在某种意义上，画面中的“势”可以理解为“势头”“权势”“气势”。如何去观察整个画面中的“势”，让“势”影响画面，成为画面第一考虑的因素，以下我们将具体分析，最终为己所用。

构图在场景的前期绘制过程中的重要性不言而喻，但是我们可以对构图的重要性做更进一步的强调。在画角色的时候，最需要强调的就是人体结构，结构不准，一切造型都是浮云。但是，我们有没有思考过，场景也有它的结构，这里所说的结构并不单纯是指单个物体的结构，而是整幅画的结构、整画面的“势”。

图2－2－1是动画短片《渔童》的一个场景设计，画面给我们一个漂浮的势态。我们在观察这一场景的时候，首先要透过现象看本质，不能被场景中过多的杂乱元素所影响，建议把场景转成黑白色，以利于我们观察（如图2－2－2）。

图2－2－1

图2－2－2

我们先观察构图上的“势”，为什么整个画面给人的感觉漂浮、不稳定呢?

首先，海底的构图与画面不平行。地平线倾斜，整个画面给人以不稳定的感觉、一种灾难即将发生的感觉（如图2－2－3）。

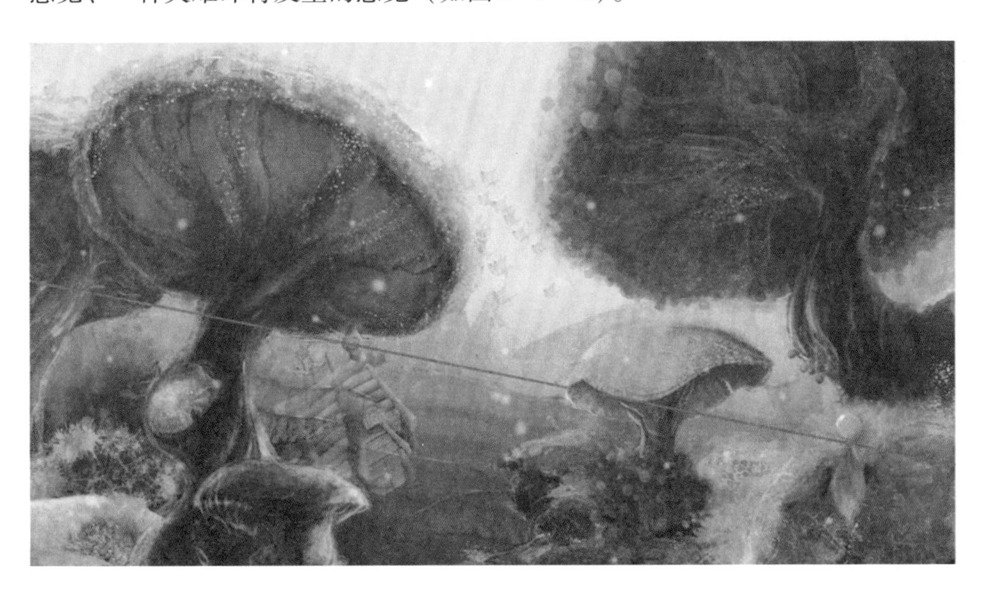

图2－2－3

其次，所有构成画面的元素都是倒三角形的（如图2－2－4）。正三角形构图给人的感觉是稳定、安定、安详和宁和；而倒三角形的结构，使得画面的氛围变得十分动荡。

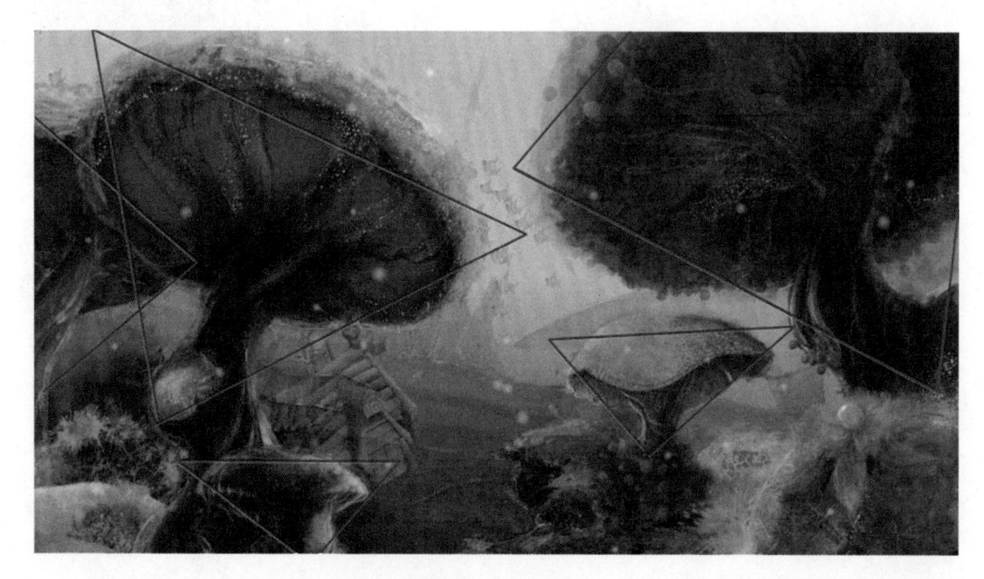

图（2－2－4）

最后，我们再来观察图2－2－1，画面在二分之一处用浅蓝色，通过明暗关系将画面分开，为了让画面不致因为过于明显的明暗关系而产生分裂，颜色上采用了一些对比色作为亮色调，增加了画面的冲击感，至此，整幅场景的氛围就被打造出来了。其实这就是场景的“势”。

《狮子王》的结尾，影片已经进入了它的高潮部分，紧贴着高潮开始，影片中安排了一个大全景镜头，此时一道闪电击中了荣耀石下的枯树，使得荣耀石下成了一片火海。不仅如此，大火燃烧树枝冒出的大片烟也是明显偏于红色的暖灰色。这股浓烟随着气流的上升，顺理成章地让辛巴与叔叔在荣耀石交锋，这个镜头也从蓝灰色调变成了红色调子。在这里，随着刀疤的坦白，之前埋下的一切矛盾爆发在了众角色面前。这道被刻意安排的闪电，带给影片一个漂亮的高潮，它产生的火焰以及火焰带来的浓烟，通过改变光源与环境，使得这一段时间内画面均呈现红色，成功地带给观众的情绪高于之前辛巴回旧时的情绪，使此处成为整部动画情绪的最高点。这就是一个强大的场景通过“势”来渲染气氛的例子。

能够观察到大师作品中的优点，并为自己所用，才能让自身的场景意识进一步提升，取得更大的进步。

二、设计“骨骼”结构营造场景气氛

接下来我们通过分析场景，来学习如何设计“骨骼”结构营造场景气氛。

图2－2－5是大的场景设计，如果你不会观察场景，没有结构意识，可能只是单纯地认为这不过是一个普通的场景。下面我们从画面的“骨骼”去分析这个场景，帮助大家建立结构意识。

图2－2－5

先用两种不同颜色的画笔勾勒场景的“骨骼”，并对之做简单的分析（如图2－2－6）。

图2－2－6

先看蓝色的线，黑烟雾的走势与整个岛屿的走势和瞭望台的走势呈相反的方向。

红色的两条线显示，呈弧形的岛屿与瞭望台相对应地呈现S形。蓝色线既将红色曲线连接到了一起，又打破了曲线，画面起了冲突，但不失和谐。

所有的这些都是结构上的设计，有了这种设计，整个画面的美感才完美地呈现在我们眼前。

再对一幅简单的画面做基本分析。

图2－2－7是动画短片《再见大海》的场景图。场景中的结构比较明显，房子的直线与屋顶和窗户的透光的曲线产生对比，而月亮的曲线既将天空与建筑用画面连接到了一起，又打破了夜的沉寂，月光和屋子的灯光无论是线条还是色彩都是呼应的，非常协调，使得画面十分和谐。

图2－2－7

三、利用层叠关系渲染场景气氛

同样的东西通过层层堆积、叠加，使一物与另一物处于相同位置，并互相产生堆积、覆盖关系，称为层叠关系，也就是相同或者相近的形象反复排列，它的特性就是形象的连续性。

如，图2－2－8是动画片《有梦的孩子不孤单》的一个场景，就是利用连续的雷同的云朵来造势，加上树冠的叠加效果而形成的。

图2－2－9是动画片《西北雨》的一个场景，多层的、造型雷同的形式感，以及树干上下若干空间相连接的空间组合，表现出一种高度和深度的效果。

图2－2－8

图2－2－9

用相同的形态，做一些前后的覆盖，既能表达前后的关系，又能通过一定的量，加上透视等其他因素，共同创造出宏大的、深邃的场景空间。动画片《种星星》就采取了这种设计方法（如图2－2－10、图2－2－11）。

图2－2－10

图2－2－11

四、通过突出焦点渲染场景气氛

焦点既是人们关注的中心，也是事情的关键点所在。动画场景设计中所说的焦点是指观众视觉重点所放置的位置，以突出所要表达的中心。

利用焦点以及人的探奇心理能引导人在画面上的视线。

对多数在大银幕或者电视上播放的动画片来说，动画是叙事型的，要讲好一个故事，就要在各方面引导观众，让其能够接受导演所要表达的信息，在适当的时候隐藏好暂时不能让观众知道的情节信息，只有这样，才能够让故事跌宕起伏，让观众乐在其中。

在动画片《埃及王子》中，为了庆祝新的摄政王上任，祭司要表演并且赠送礼物给摄政王。在祭司开始表演之际，画面的整体色调，在明度相差不大的情况下，从暖色转为冷色，此时观众的注意力集中在做着夸张动作的胖祭司身上。可以发现，虽然画面的色调发生了明显的改变，但是实际上动画场景中的光源并没有改变。此时色彩的转变很显然是为了使胖祭司脚下的光圈成为焦点。在这一小段中，整个镜头色调色彩的改变，转变了观众的观影情绪，让动画中本来欢庆的气氛迅速变得神秘起来。偏暗的蓝紫色调产生的神秘感引导观众对祭司的表演产生了一定程度的好奇。这就是利用焦点来渲染场景气氛的一个例子。

动画中场景的焦点视觉引导，有时候并不是为了直接将观众的视线引导到画面的易见焦点上并使之停留在上面。当画面中的易见焦点上并没有观众所要寻找的非常明确的信息时，他们便会下意识地去寻找这个信息，此时焦点位置便产生了重要性，因为观众的视线首先停留在焦点上，当他们在寻找下一个信息的时候，便会从焦点的位置出发，并从其周围开始慢慢向外扩散寻找。这种不自觉的行为是导演与设计师为了让观众在不知不觉中体验到一种转移视觉的乐趣，从而增添互动的乐趣。如在动画片《西北雨》的一个场景中，画面将云彩作为焦点，让观众跟着焦点进入故事（如图2－2－12）。

图2－2－12

五、借助场景的物件渲染场景气氛

场景通常是根据故事情节设计的，所以，借助场景的物件来渲染场景气氛这种方式对动画的故事发展能产生一定的影响，很多情况下，除了渲染动画情绪、引导观众视线之外，它还能推动动画情节的发展，非常贴近动画主题。

动画片《长发公主》是迪士尼制作的唯美动画片，爱情贯穿片子始终。

其中一个镜头表现长发公主与弗林感情增进的情节，之前两人互助渡过难关的友谊在这里进一步演变为一种更为亲密的感情。如何利用场景来表达这种感情呢？当我们想起恋爱、浪漫这些词语的时候，脑海中会出现少女喜爱的粉色，这是象征爱情的色彩。在这一重要的情节点，渲染好浪漫的气氛，让观众跟着女主角进入美好的爱情世界，心中留下美好的印象，对影片本身来说极为重要。此时画面由深蓝转变成粉红与金色交织的色调，背景充斥着数量巨大的粉红色灯，这些灯本身体积并不大，但是由于数量繁多，使得这种转变传达出了一种浪漫气息，让观众与主角一起步入爱情的浪漫空间，留下了非常深刻的印象。

动画短片 *Cloud Loli* 讲述的是 Loli 的梦，因此，画面出现少女喜爱的粉色——象征爱情的系列色彩和一些甜美的物件组合成的梦幻场景（如图 2 - 2 - 13、图 2 - 2 - 14）。

图 2 - 2 - 13

图 2 - 2 - 14

借助场景的道具和物件来增强色调，设计一些场景物件，让物件与物件之间的有些色彩在明度、纯度和色相上发生细微变化，使得动画的画面产生比较短暂的色彩变化，又不失去整体的色彩气氛。

借助物件渲染场景气氛，我们可以设计让物件带着需要的色彩出现在画面中。当画面转向某种气氛、需要变换色调却找不到适当的理由来改变时，便可以利用场景中的道具（如生日灯、彩灯），让其带上所需要的色彩，通过增加数量或者放大其体积等，对画面产生更大的影响，甚至达到改变场景色调的目的。如动画片《龙九子狮豸》的场景就借用了大量的彩灯道具营造场面的色彩气氛（如图 2 - 2 - 15）。

《龙九子狮豸》中，反派在洞穴中高唱自己的野心，洞穴中不断有各种妖艳的光线射出。镜头中的光线色彩是饱和度比场景高出许多的绿色，这种色彩此时看起来简直像毒药，有助于观众看到角色性格中的阴险与毒辣。不断喷出的光线不断遮住角色，让人感受到其阴谋的不可告人性，也能够烘托出此时的气氛（如图2－2－16）。

图2－2－15

图2－2－16

借助物件渲染气氛是动画片中常见的手法之一，但是，除了考虑光源的变化，以及借助场景道具变换色调之外，还有许多其他的方式可以采用。如《龙九子獬豸》借用大红灯笼来营造场面的热烈气氛（如图2－2－17）。想发现可借助的方式，就要在生活中时常细心观察事物，及时发现、总结生活中的经验。

图2－2－17

六、以处理虚实关系渲染场景气氛

接下来继续解读动画片《龙九子獬豸》的场景设计（如图2－2－18）。看到如此复杂的场景图，是不是觉得画面上的东西很多，细节很丰富，虽然有点乱，但是画面很整体，不花哨，容易抓住观众的视觉中心？为什么会产生这种

感觉？让我们一起来分析。

图 2－2－18

放大看图，可以感觉到画面的细节很丰富。把图片缩小来看，画面很整体，并没有花。画面在处理牌坊（如图 2－2－19）以及前面的树林（如图 2－2－20）的时候，对材质细节绘制得非常丰富。

图 2－2－19

图 2－2－20

而在处理远处房屋和游行的灯笼队伍的时候，则将结构细节处理得很好，而且在虚实关系中依然处理了房子的前后关系，在细节如此丰富的情况下，场景依然很整体（如图 2－2－21）。

图 2-2-21

在光影关系的处理上，当我们将画面缩小，去观察画面整体的时候，会发现画面被一条明显的明暗交界线所分割，这使得前面所有的红灯笼都融入暗部，不会跳出来吸引眼球，而观众的视觉中心却被牢牢地控制在明暗交界线上，为什么？这是因为对比足够强烈，并且明暗交界线又有明显的虚实关系（如图 2-2-22）。

图 2-2-22

再做进一步的分析，在 PS 中将画面调整成黑色并且继续观察，图上方几乎被统一成深色，而图下方则被统一成浅色，光影关系非常一致（如图 2-2-23）。

图 2 – 2 – 23

我们继续观察图 2 – 2 – 23 中的黑白结构线，在图上画出的白色线条就是黑白结构线。注意黑白结构线的形状是有规律的，其中亮部向暗部冲击，暗部向亮部冲击，亮中有暗，暗中有亮，你中有我，我中有你，呈现一种犬牙形状。这种对画面结构的考究值得学习和参考。

当画面有了一定的对比结构时，美观上了一个等级，但是画面亮度权重不够，整幅画太闷。这时，增加各种对比关系，如杂乱与规律对比，光影对比，虚实对比，整幅画面的美感便跃然纸上。

在绘画的过程中，设计者不仅要练好手头功夫，还要增强意识，两者缺一不可，而快速进步的关键是意识创新。增强意识，第一是知道自己前进的方向，第二是知道设计标准是什么，第三是如何实现目标。

首先，了解前进的方向。每个设计师都要明确自身发展的方向，比如，自身欠缺的可能出现在透视、黑白灰关系、素描立体感、细节完成度等方面，先正视自身的缺点，才能找准前进的方向。

其次，关于设计的标准，可以理解为绘制的场景在目前阶段应该达到什么样的标准才算画成。随着绘制的进步，标准也在不断提高，不能停滞不前，也不可以过于超前。在流程的标准上，每一步达到一定效果后才能进入下一步。比如，草图阶段，草图要达到什么标准才能进入下一步的线稿。这是一种过程控制，是每个优秀设计师应该重视的。

最后，如何实现目标。如构成方式，如何利用现有的素材快速找到自己想要的构成方式，如何让最终绘制的场景配合动画片中的需求。

通过本章场景氛围的营造，相信同学们已经掌握了如何通过场景构图“骨骼”营造不同的气氛，掌握观察方法，从大师作品中汲取营养，站在巨人的肩膀上去设计场景，定能收到事半功倍的效果。

课程作业

通过借鉴优秀作品的场景“骨骼”，给场景添加“血肉”，完成一幅气氛浓烈的动画场景。

第三节　刻画角色性格、心理

- 学习目的：从优秀作品中观察和学习场景是如何刻画角色性格的。
- 学习重点：主观心理空间和客观心理空间的分析。
- 学习难点：主观心理空间。

按照观众的认知，角色性格的塑造都是通过剧情和台词完成的。动画片中的角色涵盖面则更加广泛，不仅包括普通认知上的人物，也包括影片中的动物、植物、岩石、家具等一切被赋予生命、拟人化的物体，这也是动画片的魅力所在、动画片与普通影视作品的区别所在。

场景的造型功能是多方面的，主要是为了刻画和创造生动的角色形象，更重要的是突出角色的心理、性格，让观众清楚角色的心理活动。

角色与场景相互依存，角色服务于场景，场景又服务于角色。场景应为塑造角色的性格提供客观条件，更好地服务于角色的性格和心理。

在刻画角色的时候，一方面，场景需要刻画角色职业身份、兴趣爱好，另一方面，场景还需要刻画角色的心理空间。在表现心理空间时，又分为表现主观心理空间和客观心理空间。

一、表现主观心理空间

很多情况下，为了表现出动画角色的主观心理活动，如想象、回忆等，场景会对角色进行直接的描述，用虚实结合的艺术手段，塑造复杂的角色心理活动。

在动画片《魁拔3——战神崛起》中，当主角蛮吉在船上看到海问香的雕像时，回忆起海问香之前对自己的照顾，教他战斗技巧，教他怎么打开脉门，心中无限感慨。

在动画片《起风了》的开场，堀越二郎在睡梦中，梦见自己开着飞机，翱翔在广阔田野的上方。随后遇到了敌军，导致飞机坠毁。这一系列对主观心理空间的描绘，交代了故事处于战争的动乱年代，表现出当时的年轻人对残酷现实的不满、对国家未来的美好向往的复杂心理活动。

在动画短片 *Free man* 中，一个心怀梦想的小男孩希望自己能躲在一个狭小的空间里进行各种幻想，故事的结局出现了以下的这个镜头：在他的梦中，遥远的太空是各种既透光又封闭的充满梦幻的空间。将主角的愿望用画面描述出来，让观众直接感受到一个美丽又神奇的空间的存在（如图 2－3－1）。

图 2－3－1

二、表现客观心理空间

通过对外部空间的直接描述，让观众形成对角色性格、情绪的认知。如动画片《花木兰》中，木兰家的院子外有一棵木兰树，影片多次通过这棵树表达花木兰父女之间的感情，既通过这棵树点题，又通过这棵树抒情。

场景刻画角色首先应该从角色的个性出发，通过不同的场景特征、场景元素、场景造型，直接或者间接地表现角色性格。

《花木兰》中不同的场景展示了不同的主人公的命运、性格。如匈奴大洋的出现，给人以“超级大坏蛋”的感觉，整体场景色调因而变得很冷。

而男一号李翔的定位则是正义的校尉，他的出场，整体场景色调温暖，借用了帐篷的色彩，而单一的背景也显示出李翔的纯洁。

在动画片《功夫熊猫3》中，代表正义的乌龟大师的登场，画面整体色调柔和温暖，并且安排了代表生命力的树作为背景烘托；而当邪恶的天煞登场时，则以青绿色为画面主色，在场景上也是以破败的石柱作为搭配，从而衬托出正反两派的角色关系。

在动画片《冰雪奇缘》中，艾莎因一些误会和安娜争吵，导致自己的秘密为众人所知，由于众人的不理解与惊恐，艾莎决定在雪山之巅独自生活，此时画面阴沉，色彩单一且饱和度低。影片结尾，艾莎和安娜冲破重重困难，重归于好，此时画面色彩丰富且轻快明亮，预示着欢乐的大结局。

动画片《有梦的孩子不孤单》中有一组镜头，是小男孩的一个梦境：一个神奇的快速生长的向日葵将他带到月球，画面从现实中儿童卧室的黄色向梦幻空中的蓝色过渡，空中的向日葵以及月亮都用了互补色黄色与蓝色，产生强烈的对比，既突出了梦中的色彩与现实中的色彩的不同，又很好地表现了儿童梦幻色彩需求，色彩连续运用又不脱节（如图2－3－2）。

图 2－3－2

从上面的例子可以看出，场景可以依靠多种造型元素和手段去刻画角色的性格、情绪等，对角色心理进行烘托。

图 2－3－3、图 2－3－4 是动画短片《倒霉的羊》的场景设计，一只超级爱吃树莓的羊，走过了春夏秋冬，经历了各种磨难，终于和另一只同样喜欢树莓的羊在一起，树莓的设计和羊的性格十分贴切。

图 2－3－3

图 2－3－4

图 2－3－5、图 2－3－6 是动画短片 *Cloud Loli* 的场景设计，Loli 其实就是小少女的代名词，紫色、粉色以及各种童话般的造型设计，在云中恰好可以发挥无数的想象，浪漫的色彩、天真夸张的造型恰如其分地刻画出角色 Loli 爱幻想的性格和情绪。

图2-3-5

图2-3-6

图2-2-7是动画短片 *Change* 中对一个甜美女性化妆台的特写，各类化妆品琳琅满目，色彩纷呈，这一场景很恰当地表现了角色爱美的性格特点。图2-2-8中的这个场景设计，同样出自动画短片 *Change*。为了反映两个不同形象和性格女性的不同特点，设计师专门为她们设计了与之相对应的大门和门把手：一种线条优美，色彩粉嫩；另一种粗犷，色彩纯度较灰，并同时出现在一个镜头中，形成了强烈对比。

图2-3-7

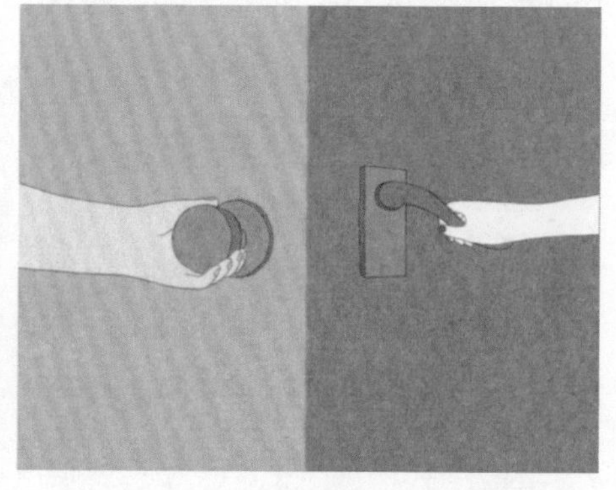

图2-3-8

课程作业

通过设计的场景，区分不同的人物性格。

第四节　场景是动作的支点

- 学习目的：从优秀作品中体会场景是如何给动作提供支点的。
- 学习重点：场景与动作之间的关系。
- 学习难点：在场景的设计中如何埋下伏笔。

所谓动作，指的是影片里角色的动作。角色动作本质上是角色心理活动的外在表现，是角色与其他事物发生关系时心理活动的反映。

动画场景是以刻画角色、塑造角色为目的的。场景并非独立存在的，它的每个元素的设置都是为了与角色发生关系。场景的设计就是为角色的表演提供最佳背景，为角色的一系列动作提供适当的场面调度，让人物与场景积极地融为一体，让观众的视线跟随角色连续性的表演和整体的场景镜头移动，有意识地增强人物与场景之间的关系，使得场景成为角色动作的支点。如《花木兰》中，花木兰想要完成爬杆的动作，那么场景中的高杆就是动作的支点，是主动设置的与角色完成互动的元素。木兰爬杆、努力坚持、到达杆顶，故事达到高潮，完成了从“女儿身”到“男子汉”的华丽转身（如图 2－4－1 至图 2－4－4）。电影《花木兰》有类似的一组镜头表演。

图 2－4－1

图 2－4－2

图 2－4－3

图 2－4－4

场景有时就是为角色动作而设计的。如，一只老鼠要爬上扫帚，那么扫帚的设计就要为老鼠的动作做好支点设计，这样看上去比较合情合理。图2-4-5至图2-4-7是动画短片《老鼠狂想曲》里的一组截图，我们可以注意到设计师给老鼠顺利爬到桌子上提供了动作的支点。

图2-4-5

图2-4-6

图2-4-7

借用场景或者道具来表现动作，往往需要设计师的生活经验和对运动规律的熟练掌控。图2-4-8至图2-4-10是动画片《小丑》表现小丑明星要出场表演时的一部分截图，为了更好地表现小丑明星的特点，吊足猫粉丝的胃口，设计师借用舞台帷幕作为动作的支点，表现小丑在不断尖叫声中逐步现身的引人入胜的场面。

图2-4-8

图2-4-9

图2-4-10

角色的动作需要靠场面的总体调度，其实场面的调度主要是对角色的运动路线、位置和角色之间关系的处理，角色的运动也与场景的结构息息相关。

一个动作有时需要借助门框、桌子或者其他道具作为支点来完成。在《人猿泰山》里，为了更好地表现女主角逃离泰山，设计了悬崖作为动作的支点，表现女主角拼命要跳到对岸的疯狂状态（如图2-4-11至图2-4-14）。影片中有类似的镜头表现。

图2－4－11

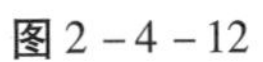

图2－4－12

图2－4－13

图2－4－14

在动画影片《人猿泰山》另一组镜头的设计中，事先合理地在场景中预设了一块晾晒的布，作为豹子和猩猩妈妈发生在这个场地所有追赶和打斗动作的支点（如图2－4－15、图2－4－16）。影片中有类似的镜头动作支点设计。

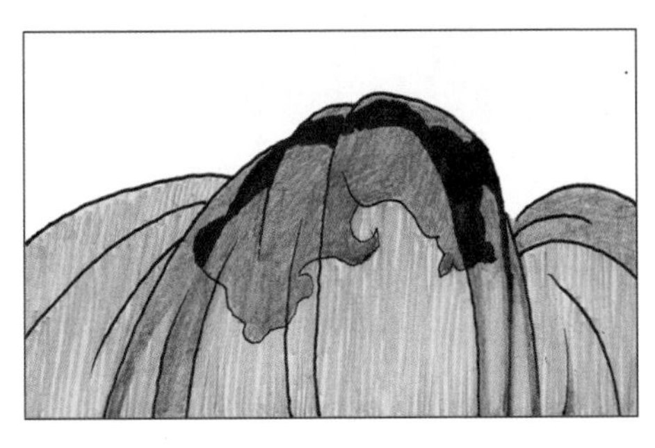

图2－4－15

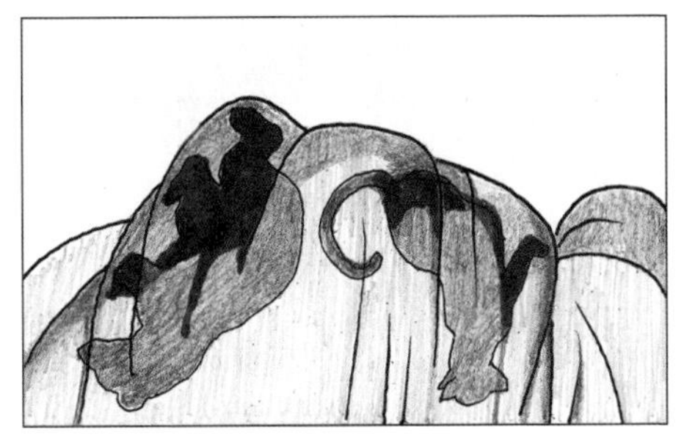

图2－4－16

图2－4－17至图2－4－20是动画片《忧天》一组镜头截图。一个患忧郁症的男人在自己的家里，产生有人要谋杀他的幻觉，为了更好地表现男人的病态特点，设计师借用大衣橱作为动作的支点，展现男人推移大衣橱的画面。

图 2-4-17

图 2-4-18

图 2-4-19

图 2-4-20

课程作业

设计一个场景和一套动作，让场景成为动作的支点。

第五节　强化矛盾冲突

- 学习目的：观察和学习优秀作品是如何利用场景强化矛盾的。
- 学习重点：矛盾的设计。
- 学习难点：如何突出和解决矛盾。

动画影片的矛盾冲突，是整部片子中最高潮、最引人入胜的部分，是所有观众最关心、最爱看的部分，展现了导演赋予电影角色以及观众的人生理念，即导演对于矛盾关系变化的纯粹表达以及理想期待。

生与死、喜与悲、善与恶等几种对立的两个方面常常是形成矛盾冲突的形式。影片的高潮部分也不是一蹴而就的，而是通过影片前期不断铺垫小矛盾，不断激化矛盾，累积到一定程度后，量变引起质变，最终达到的，旨在让观众在观影中产生恍如置身其中的时空错觉，使人物与观众的精神感受同步得以升华，进而引发更加深层次的真实观感。

动画影片《人猿泰山》展现了从猿王哥查不同意收留泰山，到不认为泰山是同族的、留下它会给猿族带来灾难，到最后认同泰山，并将保护整个猿族的使命交给泰山的过程，在森林里、在瀑布旁、在山洞口、在夜里，影片不断制造、升级矛盾，让冲突更加激烈，在片子结尾，哥查临死前终于醒悟，承认泰山是自己的儿子，使得影片达到高潮。

除了以上所分析的矛盾冲突外，利益冲突也是一个类别，矛盾双方或多方并没有明显的好坏之分，而是个人因自我利益而产生的冲突。如中国动画导演阿达根据著名民间故事创作的《三个和尚》就是这类矛盾的经典范例，影片利用了水桶这个道具，夸张地表现了三个和尚的人物性格以及三个和尚之间的冲突。

在动画片《海底总动员》中，故事一开始，儿子尼莫被潜水员抓走，镜头就一直对潜水员的泳镜进行特写。尼莫被抓到船上后，潜水员将泳镜放在了船边，船突然加速，导致泳镜掉落到海底，最终尼莫的父亲马琳和多丽凭借着泳镜上的地址信息找到了尼莫。在这个剧情设置里，泳镜这一小道具的出现和精心设计使情节环环相扣，推动了剧情发展，强化了矛盾冲突。

动画短片《天黑黑》的故事，就是通过一对老夫妻，为了一条鱼煮淡一点还是咸一点，从争抢盐巴发展到打破锅鼎的矛盾激化过程。因此，在设计场景时，厨房成了故事的主要发生场所，而厨房内的道具也成为矛盾冲突升级的辅助手段（如图2－5－1）。

厨房的整体布局设计较为拥挤，是为争夺盐罐子打斗而准备的。如，图2－5－2是厨房场景的局部设计，从不同的视角强化了矛盾的激烈性；图2－5－3、图2－5－4是夫妻俩争夺盐罐子的两个场面，反映了在这个剧情设置中，对盐罐子的争夺主要起了推动剧情发展、强化矛盾冲突的作用。从一开始的有鱼吃到最后的锅鼎砸破，喜与悲的矛盾通过争夺盐罐子的过程表现出来了。

图2-5-1

图2-5-2

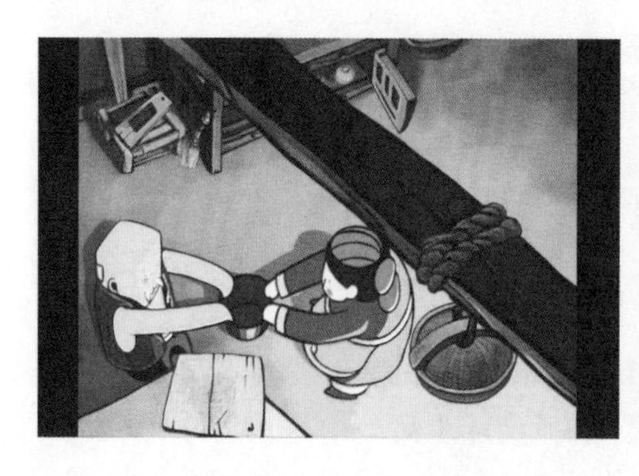

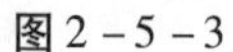

图2-5-3

图2-5-4

动画短片《再见大海》就是通过一只猫让小鱼再次回到大海而展开的故事。鱼缸的摆放成了猫与主人的矛盾点，主人为防猫吃鱼，将鱼缸由原来放在窗台改为放到大衣橱顶。因此，在设计场景时，房屋的设计包括钢琴的摆放都是给猫咪跳跃提供平台。如，图2-5-5是主人一开始放置鱼缸的位置，而图2-5-6则是主人为了防止猫咪吃鱼将鱼缸高高搁置在大衣橱，体现了主人与猫咪之间的矛盾。

图2-5-5

图2-5-6

图2－5－7是猫咪趁主人不在而跳到大衣橱的场景设计，凸显了猫的动作难度，强化了主人与猫咪之间的矛盾。除了房间成为故事的主要发生场所之外，猫咪在跳离窗台、沿着不同小路一路狂奔来到海边的每一个场景设计，都是为了给猫咪提供表演的舞台，突出矛盾的重点，使猫咪与主人的误解显得更加突出。图2－5－8是为了表现猫咪在屋顶楼房之间跳跃的场景设计。

生与死的理解，善与恶的表现，通过猫咪的行为，揭示了人类认知的误区，矛盾彰显突出。

图2－5－7

图2－5－8

另一种矛盾冲突类型是出现问题和解决问题，矛盾双方围绕着解决问题与设法阻止对方解决问题而产生的矛盾，矛盾之间环环相扣，随故事情节逐步展开。《海底总动员》就是这一类型的典型例子，主角尼莫在影片开始不久就被渔船捕走了，影片则围绕马琳与多丽寻找尼莫的过程进行了精心的设计。

动画短片《小丑》展现的是一个小姑娘寻找自己一个偷跑出去的小丑的故事。当她发现四个小丑玩具变成三个时，在家里家外到处寻找。通过小丑在舞台上的夸张表演，突出矛盾的重点，小姑娘更想把小丑收服，不让他去祸害猫。图2－5－9、图2－5－10是小姑娘发现家里少了一个小丑后在床铺底下和抽屉中翻找小丑的设计，各种找寻实际上是为了突出小姑娘与小丑之间矛盾而设计的。

图2－5－9

图2－5－10

图2－5－11是小丑在舞台上的夸张表演，图2－5－12是小丑被小姑娘用遥控器控制后的渺小形象，从而形成鲜明的矛盾对比。

图2－5－11

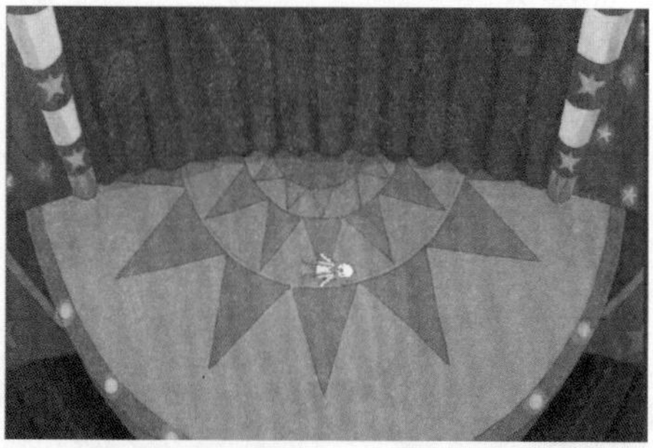

图2－5－12

图2－5－13是小姑娘发现四个小丑玩具变三个小丑的场景设计，图2－5－14是小主人把小丑带回家后四个小丑在一起的场景设计，通过前后对比设计，强化了解决矛盾的方法。

图2－5－13

图2－5－14

课程作业

利用设计的场景表达出一个矛盾。

第六节　叙事功能

- 学习目的：从优秀作品中学习并体会场景的叙事功能。
- 学习重点：场景设计的概念和场景的功能。
- 学习难点：渲染的叙事功能。

动画场景从动画片一开始就参与动画情节的故事叙述，它是动画叙事非常重要的组成部分，是建立在通过渲染手法表现故事中事件的发生、发展、结果以及角色的行为、内心活动变化基础之上的，为推动剧情以及渲染气氛而存在的。

一、时间的叙事功能

我们常常从许多动画片的空镜头中看到对时间的描写。如从日出到日落表示时间的流逝，借一棵树从枝叶的茂盛到凋零展现季节的更迭。如图 2－6－1、图 2－6－2 是动画短片《六合处处喜洋洋》日出与日落的镜头。

图 2－6－1

图 2－6－2

从一些特写的时钟、手表或者沙漏等计时工具看到时间的发生或者流逝等。如，图 2－6－3 是动画短片《水之梦》某个时间的描写，图 2－6－4 是动画短片《侦探与幽灵》的时间的特写镜头。

图 2－6－3

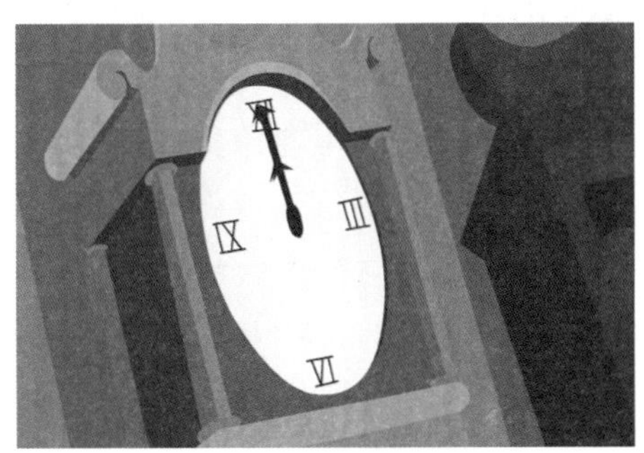

图 2－6－4

法国动画电影《疯狂约会美丽都》在开篇 8 分钟左右有一组空镜头，通过同样的地点和建筑物表达一年四季的变化和时间的飞逝：设计师通过相同构图中四季的更迭、建筑物的增减等空间表现手段，让观众明白叙事发生的几年在这里被大大压缩了。图 2－6－5、图 2－6－6 是动画短片《六合处处喜洋洋》的空镜头设计，利用同一地点和建筑物，通过色彩的变化，表达白天和夜晚的时间更替。

图 2－6－5

图 2－6－6

图 2－6－7 至图 2－6－10 是动画短片 *Lonely* 的空镜头设计，也是利用同一地点和建筑物，通过色彩、窗户、屋顶的雪等的变化表现时间的流逝。

图 2－6－7

图 2－6－8

图 2 –6 –9

图 2 –6 –10

二、地点的叙事功能

动画片的情节故事表现要依靠场景告诉观众故事发生的地点，那么场景的叙事功能无疑起到了至关重要的作用。为了让观众一下子就进入故事，场景必须表达清晰：故事的发生地点是在春季辽阔的草原、夏季美丽的海滨、秋季广袤的田野，还是在冬季阴森的森林；是在繁华的城市，还是在遥远的星球。

动画片《秒速 5 厘米》画面中随处可见的樱花，说明故事发生在浪漫的春天。动画片《僵尸新娘》，画面阴森恐怖，漫天飞来飞去的蝙蝠，无须任何旁白，观众立刻就能理解故事的基调设定。

动画短片《猫岛鼓浪屿妖怪志》，不论是超大场景还是大场景的设计，不用任何的旁白，观众一眼就认出了故事的设定地点猫岛就是鼓浪屿（如图 2 –6 –11、图 2 –6 –12）。

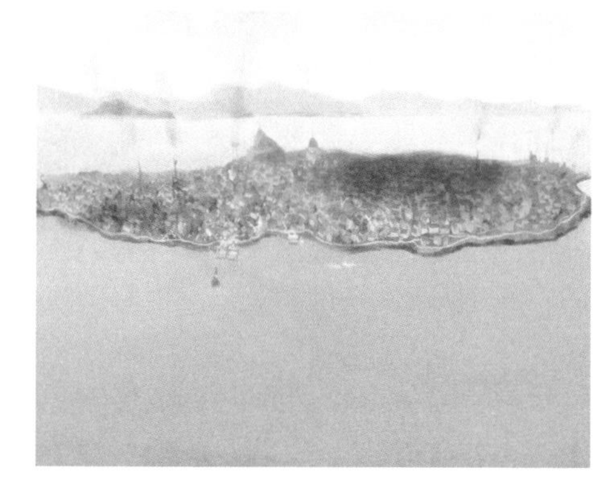

图 2 –6 –11

图 2 –6 –12

三、“画外音”的叙事功能

影视作品的叙事一般都是通过演员的表演或台词部分以及旁白来表现，但是，在某些情况下，场景叙事比角色叙事更加具有气氛，更加内敛，能产生此时无声胜有声的效果。《疯狂动物城》中，不需要角色动作与台词，只看地面上的爪痕，我们就可以推断出朱迪和尼克身处险境。在《人猿泰山》中，地面上未干的血爪印子，此时场景的叙事就十分有力，告知曾经在此发生的恐怖搏斗，为猩猩妈妈在身处险境的屋里找到小泰山，并为下一场和豹子打斗埋下了诸多伏笔。

图 2 - 6 - 13 来自动画短片《雪精灵》，观众一看到画面中冰雪地面上的足印，就知道有人来过，此时场景的叙事功能被打开，故事将从脚印开始。

动画短片《白鹭女神》片名出现前先有画面（如图 2 - 6 - 14），观众就知道这个故事与画面中的白鹭有关联，画面起了点题的作用。

图 2 - 6 - 13

图 2 - 6 - 14

在动画短片《六合处处喜洋洋》中，同样，当观众一看到画面里炊烟袅袅升起，无须画外音，就知晓导演的意图，无论是表达当地人的生活富裕还是表示到了吃饭的时间，这两个场景都充分展现了场景的叙事功能（如图 2 - 6 - 15、图 2 - 6 - 16）。

图 2－6－15

图 2－6－16

四、渲染故事气氛的叙事功能

动画场景设计师能够根据角色的内心变化和心理作用，通过色彩的变化或者时空的转化渲染叙事氛围的目的。如在美术整体风格不变的情况下，将冥想、记忆、梦境用黑白、朦胧等手法处理，以与叙事空间相区分，告知观众此时表达的是作者的内心世界。

在动画短片 *Fairy Tale* 中，设计者根据角色内心活动，对画面进行了不同风格的处理，用以表达叙事功能。如，图 2－6－17 是正常的叙事画风，图 2－6－18 开始进入冥想状态，图 2－6－19 和图 2－6－20 则采取了花边画框构图的形式，材质上也处理成布纹的效果，以示区别。

图 2－6－17

图 2－6－18

图 2－6－19

图 2－6－20

课程作业

以一部影片为例，分析场景是如何体现其叙事功能的。

第七节　隐喻功能

- 学习目的：从优秀作品中学习并体会场景设计的隐喻功能。
- 学习重点：场景设计的隐喻功能。
- 学习难点：如何运用场景设计隐喻的功能。

隐喻作为场景的叙事手段之一，在很多影视作品中常见，在动画作品中也较为多见，我们需要加以了解。场景的隐喻功能，顾名思义，就是通过场景展现主题深层和内在的含义。通常，不同的形态、色彩会给我们的心理带来不同的直观感受。

短片《连理枝》中，女主角是皇帝的女儿，男主角是伺候公主的下人，两人渐生情愫，但在封建社会，他们永远都不可能在一起，甚至被迫分离，不再相见。短片的最后出现了两棵树，它们隔着宫墙而立，又高出宫墙，最终树枝越过墙头缠绕在一起。这里的两棵树是由男女主人公死后化成的，树木是对二人的隐喻，而树枝交汇的场景，既隐喻了男女主角生生死死的爱情，又首尾呼应，点明主题——“连理枝”。

在法国动画影片《疯狂约会美丽都》中，将纽约的地标性建筑自由女神像设定成了一个胖子右手举着甜筒、左手拿着汉堡的形象，导演想通过这个形象隐喻，使得观众一看到这个镜头就能够联想到美国人对此类食物的热爱，也对美国的胖子们幽了一默。

在美国动画电影《狮子王》中，用了大场景表现辽阔草原上的一块突兀的巨石，隐喻狮子王国权力范围的广阔以及夺得这个权力与荣誉所花费的巨大代价。

美国动画片《人猿泰山》中有一个森林场景，从花蕊到开花的特写镜头，寓意着泰山心花怒放，紧接着是泰山欢快地到处采摘花束准备送给心仪的姑娘。

在法国动画影片《疯狂约会美丽都》中，奶奶寻找孙子，在极度寒冷中依偎在一小堆篝火旁，这象征着希望，小小的火苗隐喻着虽然希望渺茫但是决不放弃的决心。

在美国动画电影《花木兰》中，院子里的木兰树多次出现在电影的镜头中，既点明了电影的主题，也隐喻了花木兰的品德与木兰花一样美丽纯朴。影片还用了一个镜头来描述一个木兰花骨朵含苞欲放，隐喻花木兰只是未到花开时，待到花开，一定是最美的花。在表现花木兰决定替父从军的当天夜晚，用了电闪雷鸣雨夜场景，一道闪电划破太空，隐喻花木兰的从军之举将一鸣惊人，打破传统偏见的黑暗。电闪雷鸣不仅划破长空，而且闪电也照进花家家族的碑位，这时给了一个特写镜头：碑位神兽两眼发光，隐喻花木兰的从军之举将为花家光宗耀祖。

图2－7－1是动画短片《天黑黑》的场景设计，从天黑要下雨到电闪雷鸣，隐喻故事发展将由好事演变成坏事。如图2－7－2是厨房场景的局部设计，用厨房洒落一地的盐巴来隐喻争吵的激烈性。

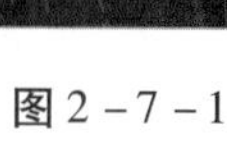

图2－7－1

图2－7－2

图2－7－3、图2－7－4是动画短片*Change*的两个场景设计，凌乱的女生房间与排列整齐的桌子，不同的场景设计隐喻故事主人公A与主人公B两个性格完全不同的人设以及将要发生的改变人设的两个故事。

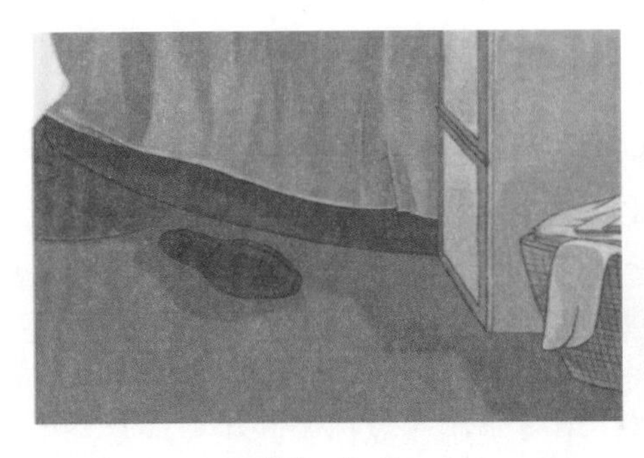

图2－7－3

图2－7－4

动画片《倒霉的羊》的场景设计（如图2－7－5），从春夏秋冬一年的变化，每一个季节羊都经历了具有代表性的所谓的“倒霉的事情”，每一个倒霉故事的结局都十分具有隐喻性。

图2－7－5

再看看动画片《浮冰》的场景设计，从第一块冰开裂开始，就隐喻了人心的分裂（如图2－7－6），每一块浮冰都是从一块整体的块冰中分裂出来的，这隐喻了此时在场的人与漂浮的冰块一样将四分五裂（如图2－7－7）。

图2－7－6

图2－7－7

小　结

本章讲述了场景动画片中的七个主要功能，但是，构成动画片的形式和其在动画片中所起的作用不仅仅是这七种，如何巧妙地运用场景设计的功能，配合不同的镜头语言，加入角色的表演，这是同学们在进行场景设计的时候首先要深入思考的问题。

课程作业

以一部影片为例，分析场景设计是如何体现隐喻功能的。

第三章　透视关系

第一节　透视的概念

- 学习目的：了解透视的基本规律，并能有效地应用。
- 学习重点：场景设计的概念和场景的功能。
- 学习难点：场景的功能。

一、绘画与透视

绘画是通过各种描绘手段将三维空间的物体形象地表现在二维的画纸上，使物象在平面图形上能让观察者产生明显的立体空间感，这是由立体到平面，又由平面到立体的转化，是运用客观的透视规律完成的，实际上就是视错觉，在这里我们专指在二维的画纸上绘制一种三维空间的效果。

透视是一种绘画理论术语。“透视”一词源于拉丁文 perspclre，指在平面上描绘物体空间关系的要领或技术（如图 3－1－1）。

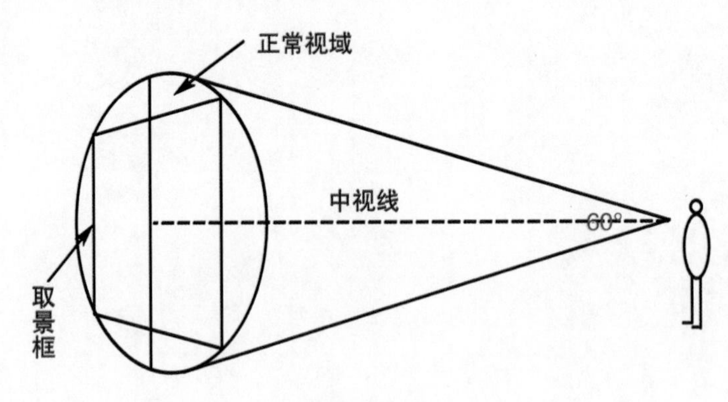

图 3－1－1

二、几个名词概念

学习透视，先说几个名词概念，以及它们相互之间的关系，这样能帮助我们理解绘画透视的规律。

1. 透视

其含意是通过透明平面来观察研究物体的形状。

2. 画面

画面即透明平面，用于研究透视规律。

3. 中视线

中视线指画者注视方向的视线。画面必须与画者的“中视线”垂直，与画者的脸平面平行。

4. 视距

视距指画面与画者之间的远近距离。

5. 视域

人在头部不动的情况下，其视线前方所见的范围称为可见视域，在可见视域里，并非所有物形都是清晰的，只有在大约60°视角的范围内所见到的物体才是清晰的，这里所指的视域也称为60°视域。

6. 地平线

画者站在宽广的平地上向前看远方，天地的交接线就称为地平线。

7. 视平线

在画面上，由画者的中视线与画面相交一点所作的平线称为视平线。当画者平视时，地平线和视平线重合，变成一条线；当画者仰视时，地平线在视平线的下方；当画者俯视时，地平线在视平线的上方。地平线是画者处理透视绘画的重要依据。

8. 原线

凡是与画面平行的直线都是原线。原线常以垂直、水平和倾斜三种放置关系处于地面之间（如图3－1－2）。

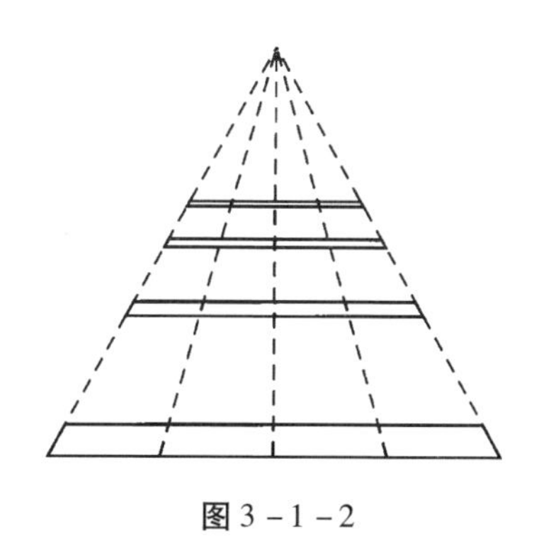

图3－1－2

原线的透视在长度上是渐远渐短，在透视方向不变的前提下，分段比例保持原状。

9．变线

凡是与画面不平行的直线都是变线（如图3－1－3）。

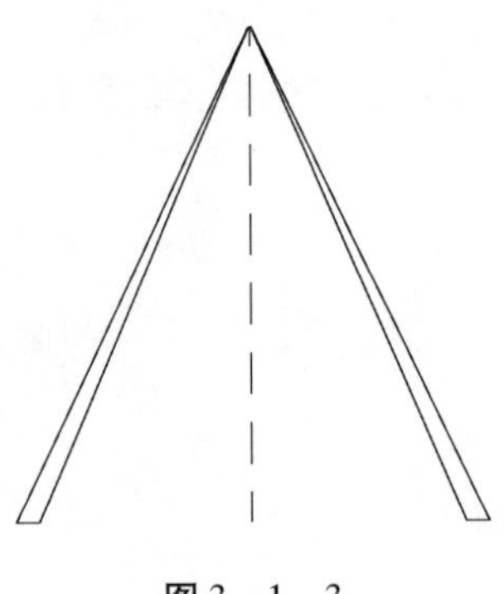

图3－1－3

与地面平行的变线，它们与画面的关系没有形成任何一种角度，不成为变线，与地面不平行的直线才有近低远高和近高远低两种。变线的透视状态，在透视方向和等分段比例上发生了变化，许多实际上相互平行的变线都向同一个灭点集中。在一条变线上做若干等分段，原来等长的分段渐远渐短，最后消失在灭点上。

10．灭点

所有变线集中消失的点称为灭点。不同状态的变线，集中消失在灭点上（如图3－1－4）。

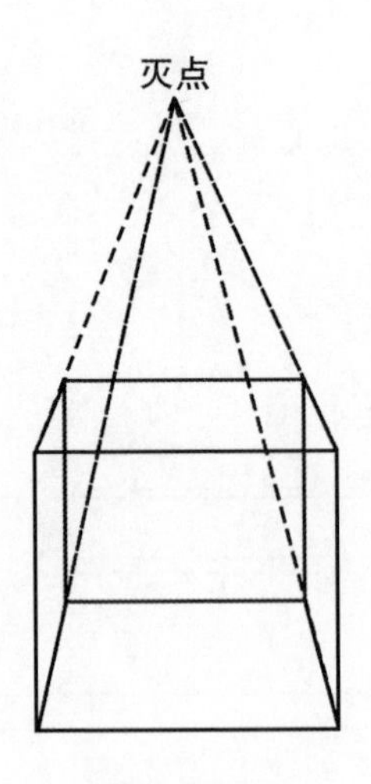

图3－1－4

11. 平行透视

平行透视。也叫一点透视。一个立方体的六个面，其中一对与地面平行，另两对竖立的面，一对与画面平行，另一对与画面垂直，与画面垂直的变线集中消失在地平线的原点上，就是平行透视（如图3－1－4）。图3－1－5、图3－1－6中两排竖立的树，与画面平行，也是平行透视的表现形式。

图3－1－5

图3－1－6

（1）成角透视。也称余角透视，它有两个灭点。立方体的六个面，其中一对竖立的面与地面平行，其他两对竖立的面都与画面不平行，而是各自形成一定的角度，其变线各自集中消失在地平线左右两个灭点上，这就是成角透视（如图3－1－7），成角透视也称为二点透视。图3－1－8是动画短片《猫岛鼓浪屿妖怪志》的一个成角透视的场景设计。

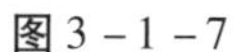

图3－1－7

图3－1－8

（2）圆面的透视规律。圆面的透视特征分为形、辐、同心圆。透视圆面的形，是指它的基本形状和它在运动中的宽窄变化。其基本形是：圆心在最长直径约正中，最长直径同最短直径在圆心处垂直相交；最长直径将圆面分为远近两部分，近的部分略大，远的部分略小；最短直径把圆面分为左右两个相等的部分，整个透视面的形状实际上近似椭圆形（如图3－1－9）。

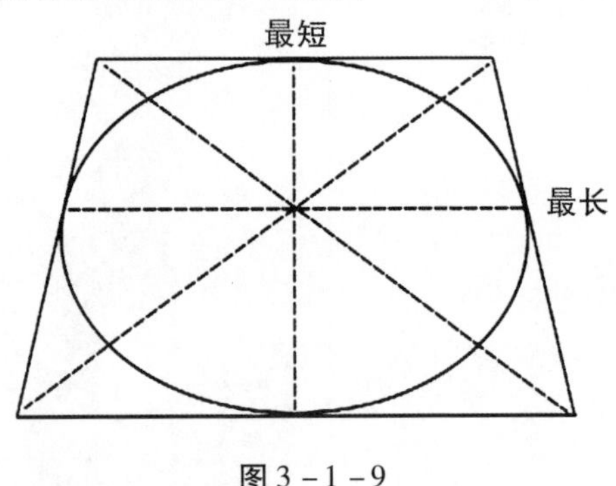

图3－1－9

（3）简便画法。作最长直径和最短直径垂直相交的十字线，十字线的交点是圆心；定圆面的大小宽窄范围，最长直径的两个半径必须相等，最短直径的远半径比近半径略短；将两直径的四端以弧线相连（如图3－1－10）。

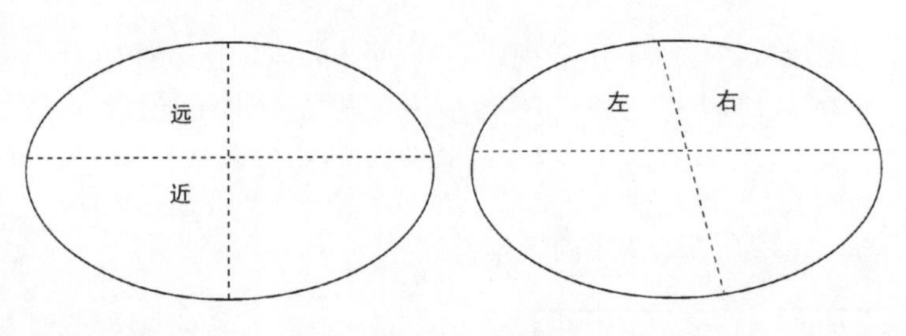

图3－1－10

（4）宽窄变化。许多方向一致的圆面，有一条共同的灭线。圆面因位置不同所引起的宽窄变化，均以共同的灭线为标准，离灭线远的圆面宽，离灭线近的圆面窄，正在灭线上的则成一条直线（如图3－1－11）。

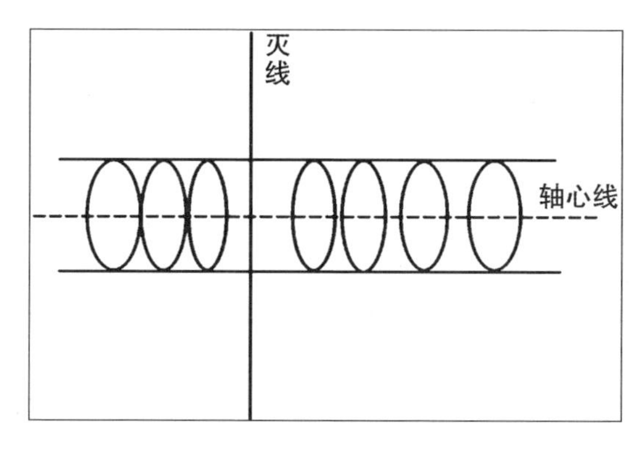

图3－1－11

图3－1－12、图3－1－13就是圆面透视最好的例子。

图3－1－12

图3－1－13

三、作画步骤

（一）理解地看，理解地画

第一印象虽新鲜也重要，但只是初步的粗浅的印象，凭此作画，容易被细节所迷惑，无法整体地、正确地表现对象，因此，要对新鲜的感觉进行分析和研究，由表及里地深入理解对象。

（二）看得整体，画得整体

坚持整体地观察对象，将观察范围扩大到全部，把对象整体作为一个不可分割的物体，培养整体观察的能力，作画时寻找对象中的结构关系、比例关系、面和线的关系等，并正确地表现这些关系。

（三）提炼概括，艺术地表现

通过具体的观察和体会，进行去繁从简的处理，运用艺术夸张夸大事物的某些特征，这才是绘画，而不是摄影。

要想提高艺术表现力，画者平时应经常观摩各种优秀的设计、美术作品，从文学、电影、戏剧、音乐等姐妹艺术中汲取营养，提高艺术素养。

（四）阶段性画法

具体分为大体阶段、深入阶段和调整阶段，三个阶段互相有机地联系。

1. 大体阶段

确定图的轮廓结构，比例基本正确。动手前先要有想法和打算，了解、观察和分析是十分必要的。和其他工作一样，要懂得“统筹全局”。落幅时，把对象的大体位置适当地设计到画纸上；先设几个点，此时比例还可能不肯定，可用较概括的直线或弧线轻轻地着笔。落幅后，回头进行比较，确定物象与画者的关系、朝向、透视、方位，画出体积。此时可用辅助线检查结构、比例、体积是否符合透视规律。最常用的场景应该是街道、走廊、教室等地方，在绘制这类场景时一定要处理好透视关系，画上透视线。日常生活，随处可见一点透视（如图 3－1－14、图 3－1－15）：

图 3－1－14

图 3－1－15

通过以上几张场景的透视线，可以看出，一点透视的透视线总结起来就是四个字：万线归一，而且应用的场景也很多。那么，我们在画一点透视的时候，应该分哪几个阶段去绘制？如何绘制？在这里提供一个简单的思路。

我们在绘制一点透视场景的时候，前期运用一点透视关系时可以分为四个步骤进行。

第一步：在画面上确定地平线的位置，并在地平线上定出灭点。此时视平线与视平线重叠（如图 3－1－16）。

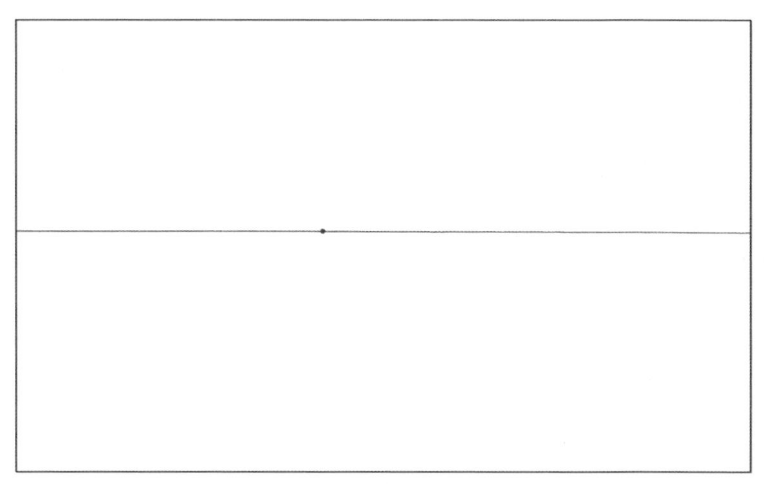

图 3－1－16

第二步：从灭点上引出变线（原来相互平行的线变成消失在灭点上的线）（如图 3－1－17）。

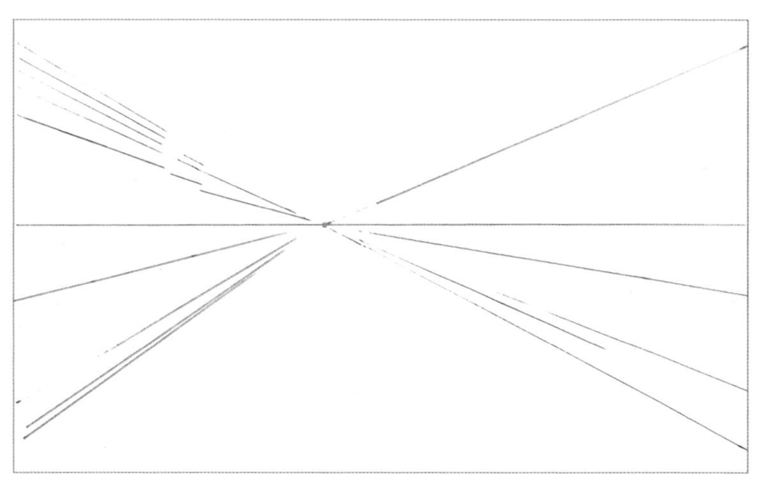

图 3－1－17

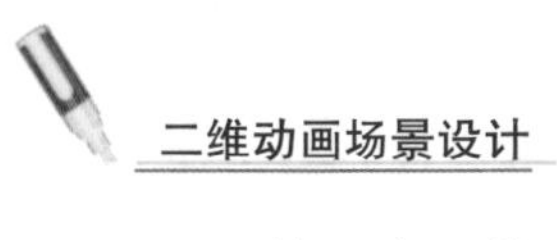

第三步：找出原线相应的位置（原来垂直的线还是垂直），房子的分割线（如图3－1－18）。

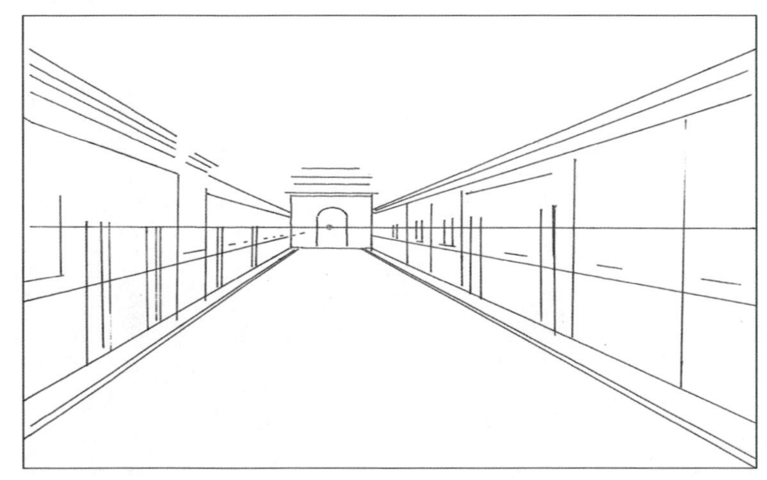

图3－1－18

第四步：确定线稿。接下来就是正常地画场景流程，上色、处理细节等。

四个步骤中，主要是掌握前面三个步骤，把一点透视关系处理好（如图3－1－19）。

图3－1－19

2. 深入阶段

这一阶段是进一步刻画对象的形体结构，着重刻画突出的部分，要求从整体出发，这是正确处理局部与整体关系的过程。

远看其势，近着其质。有的人只会画局部，把握不住整体，所以画面远看没东西，需近距离才能看出点名堂。

绘画是讲究一定的视觉距离的，要求讲究用线条的技巧，利用线条的粗、细、浓、淡、重、轻，流畅与笨拙，虚与实等手法来表现对象的形体结构、质感、空间感。

明暗调子的特点是常用黑来衬托白，而线条是以淡来衬托浓、以轻来衬托重，突出前面的主体部分时用重线、用肯定坚实的线。

3. 调整阶段

这一阶段是对画面进行全面的检查、调整和修改。全面检查主要包括下列方面：这一阶段画面的造型结构是鲜明正确，还是似是而非、不敢肯定？

调整必须从整体效果出发，运用加强、减弱、概括、综合、突出重点等手法，局部服从整体。

课程作业

通过借鉴优秀作品的场景“骨骼”，给场景添加“血肉”，完成一幅一点透视的动画场景。

第二节　视距与景别

- 学习目的：了解视距与景别在影片中的用法，并熟练掌握。
- 学习重点：对特写的掌握以及如何利用景别进行切换。
- 学习难点：特写的设计主体表达。

一、视距

视距即视觉距离的简称，表示人眼能够看到场景之间的相对距离。

场景的视距空间中的景物分为近景、中景和远景。三层景物相互穿插，使得画面具有较好的层次感，所以在选取视角时注意在视角范围内的物体层次要丰富、疏密得当。

近景离观众视觉间隔最近，一般位居画面的四角，中景是视觉的焦点，也是角色表演的舞台，远景位于最后，是整个画面的陪衬。如，图 3－2－1、图 3－2－2 都是动画短片《天黑黑》的场景设计，图 3－2－1 的近景是蜻蜓与前面的芋头叶子，中景是田间，远景是山。图 3－2－2 的近景是大水缸和木材堆，中景是门框与春联，远景是扫帚与柜子。

图 3－2－1

图 3－2－2

在动画影片中，角色多数出现在中景和近景中，因此对中景和近景设计的要求十分苛刻，要求有细节，便于角色表演和观众观赏。如图 3－2－3（来自动画短片 *Change*）、图 3－2－4（来自动画短片《小丑》）。

图 3－2－3

图 3－2－4

近景主要是由道具组成，道具要求造型准确，要做到设计精良。如图 3－2－5、图 3－2－6 都是 *Change* 中近景的特写镜头，书籍杂物的有序摆放、光影的投射给画面增添了情趣。

图 3－2－5

图 3－2－6

图 3－2－7 是动画短片《老鼠狂想曲》中近景的特写镜头。被老鼠偷吃过的果酱还挂在瓶口，描绘生动，因为主人的到来打断了老鼠进食美食，画面不但要求比例准确，还要求局部细腻，起到点睛的作用。

图 3－2－8 是动画短片《安的种子》中近景的特写镜头，经过长时间的等待，种子发芽了，寓意惊喜的到来，画面随着种子的生长对主角的心理特写做了充分的展现，起到隐喻的作用。

图 3－2－7

图 3－2－8

视距在场景中与景别相互依存，服务于景别，可以更好地表现出不同的景别在场景中的作用，所以以下着重讲解不同的景别在动画场景中的定位和作用。

二、景别

景别就是影片主体对象在镜头画面中所占的比例。景别在场景中决定着镜头中所显示物体的范围大小，决定着对象的比例大小，同时也决定着事物的主次地位，通常来说，主要物体的显示比例最大，并且位置最靠前。

而景别的划分，通常以人物为标尺，了解人物与场景在景别中的关系，有利于我们更好地进行场景设计，掌握好不同的节奏。根据范围大小，景别可以分为以下七种类型。

（一）大特写

人物或者事物任何一个局部位置放大至近距离，为大特写，大特写是表现影片主体的某一个局部，此时镜头会拉得很近。大特写的景别一般用于强调某一个局部特征，而这个局部特征往往是画面的一个重要因素。

《人猿泰山》中男女主人公两次手手相连的画面，作为呼应的局部大特写：第一次两人相遇，通过手手相比，泰山第一次发现同类人；即将分别时的再一次手手相连，而这一次是心手相连的仪式，促使女主角留在了泰山的身边。

动画短片《再见大海》中出现猫咪吃鱼的大特写，以体现猫吃鱼需要先喝水才不会伤害鱼的艰辛（如图 3 – 2 – 9）。

动画短片《那些年我们吃的胶囊》中出现嘴巴大特写，胶囊入口的瞬间，为了表现胶囊的个性，接下来几个特写将胶囊的表演展示得淋漓尽致（如图 3 – 2 – 10）。

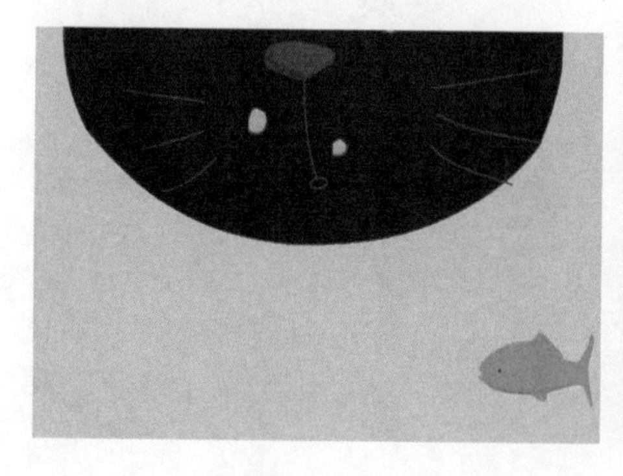

图 3 – 2 – 9

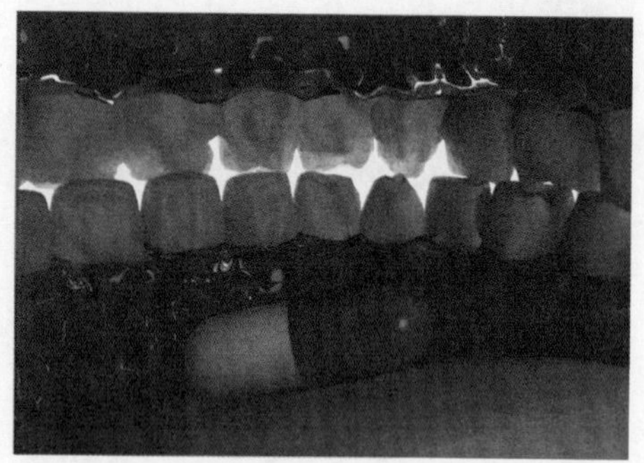

图 3 – 2 – 10

（二）特写

作为人物特写的范围通常是角色肩部以上到头顶，此时画面中一般看不到场景。在场景中的特写范围常常表现为对某一景物或者某一道具的取景。

动画短片《追捕》在追捕的过程中，警与匪两辆车的激烈程度不仅靠车速来表现，还以其他的物件来烘托，如红绿灯的变换、路人的表现、路边物体的毁坏等。图3－2－11、图3－2－12都是动画短片《追捕》的特写镜头，通过红绿灯转换的特写镜头增加追车的紧张感。

图3－2－11

图3－2－12

特写与大特写都是对对象细节的强调。图3－2－13、图3－2－14分别是动画短片《追捕》大特写与特写的不同镜头。

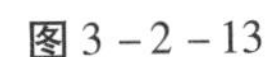
图3－2－13

图3－2－14

在动画短片《春草闯堂》中，多次出现人物的特写镜头，通过这些特写镜头，可以对比出不同人物的不同性格特征：纨绔子弟吴独的好色（如图3－2－15），吴独的佣人阴险狡诈、不怀好意（如图3－2－16），薛玫庭的一身正气、勇敢（如图3－2－17），李小姐的不屈尊权贵、独立自强（如图3－2－18）。

图 3－2－15

图 3－2－16

图 3－2－17

图 3－2－18

（三）近景

近景的取景范围通常是角色的胸部以上到头顶的部分，角色会占据画面一半以上。近景镜头一般表现为非运动镜头，而且镜头运动也偏少。在场景中，近景的取景范围可能是某个物体的局部，主要表现物体局部的画面。

动画短片《天黑黑》中对阿嬷的近景镜头的描写（如图 3－2－19、图3－2－20），体现了天黑要下雨时她焦急等待老伴回家时的深深的“爱”，与后来为了鱼的咸淡与老伴产生争执并大打出手形成鲜明的反差。

图 3－2－19

图 3－2－20

在动画短片 *Fairy tale* 中，对道具书本的近景镜头的描写，利用书本的画面进入角色的想象空间，此时的取景范围书本占据了大半个以上的屏幕，需要道具画得具体且逼真（如图 3-2-21）。

图 3-2-22 是动画短片 *Change* 中的截图，是对司机在后视镜近景镜头的特写，画面设计虽然简单，但突出了司机惊讶的眼神，很传神。

图 3-2-21

图 3-2-22

（四）中景

中景的取景范围通常是角色的膝部以上部分，一般用来表现角色运动。在中景中，环境也是重要的组成部分，角色在中景的镜头里会与环境发生各种关系，角色也要依附于场景。

中景镜头中，角色的动作都与道具发生互动关系，在镜头中场景的作用越来越明显。图 3-2-23 来自动画短片《六合处处喜洋洋》，女主角开窗后紧接着伸懒腰，呼吸新鲜空气，表示清晨的来临。图 3-2-24 是动画短片《忧天》的一个镜头设计，不宽的道路、阴森的夜晚使得男主角一路狂奔。以上两个例子可以说明场景的设计在镜头中对角色动作起着关键的作用。

图 3-2-23

图 3-2-24

（五）全景

全景的取景范围通常包括角色全身。如果说中景的重点是角色的动作表演，那么全景则是展现角色的行为与场景的关系，体现角色的空间位置才是表现的重点。如图 3－2－25、图 3－2－26 都来自动画短片《猫岛鼓浪屿妖怪志》，图 3－2－25 展现屋里所有人看电视时的状态，而图 3－2－26 展现的是清晨岛上的路上繁忙的景象。

图 3－2－25

图 3－2－26

图 3－2－27 截自动画短片《天黑黑》，是用全景的方式展示厨房所有物品的布局。图 3－2－28 同样是用全景，但采用了不同的视角，对角色更多做了性格描写，活泼的画面增加了可视性，让剧情更加生动。

图 3－2－27

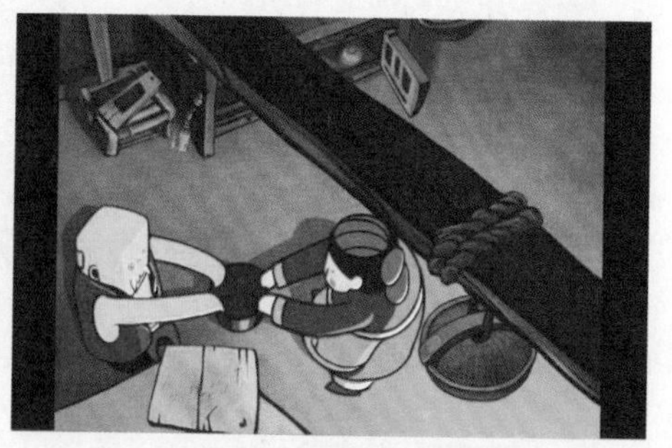

图 3－2－28

（六）大全景

大全景的取景范围中，角色只占据很小的比例，表现重点是环境与空间之间的关系，如整条街道、整个广场、车站等。图 3－2－29、图 3－2－30 是动画短片《六合处处喜洋洋》的大全景设计，图 3－2－29 是为了展现六合农村整个田间的空间环境，有远山、小河、农田、民居、小桥等，图 3－2－30 的大全景则是为了说明主角所居小院子的整体空间关系。院子坐落山前，院子左边有一个较大的鸭子围栏、葡萄架，右边有桌子和晒台等。

图 3－2－29

图 3－2－30

大全景中的角色在画面中已经不占据主要地位，甚至可以看成“道具”。如图 3－2－31 是众多白鹅戏水的一个轻松的长镜头全景描写。

图 3－2－31

（七）远景

在远景的取景范围中，角色可以忽略，而且大多数远景的取景范围基本没有角色出现。远景的重心就是表现远处的景物，展现场景的气势，通过场景表达情绪和氛围。

图 3－2－32、图 3－2－33 是《猫岛鼓浪屿妖怪志》中的两个远景场面，重心就是表现鼓浪屿小岛的气势，通过两个场景表达不同的情绪和氛围。

图 3－2－32

图 3－2－33

小　结

本章主要讲述了两个内容，一个是透视的基本规律，另一个是视距和景别的关系。动画片场景的设计都离不开这两项内容，首先要求透视规律必须正确。如有些人还没有学习透视基本知识，经常画出反透视，导致画面不协调。视距和景别是动画场景设计的叙述表达故事的方式，它们之间相辅相成，如同讲故事时描述方式和描述重点要保持一致性，让受众一目了然。

课程作业

各设计 7 个不同景别的动画场景。

第四章　构成动画场景的表现语言

第一节　动画场景设计的分类

- 学习目的：了解动画场景设计的分类。
- 学习重点：如何展现一个层次丰富的大场景。
- 学习难点：不同高度的视点构图特点。

动画场景设计分为室外设计和室内设计。

室外场景往往是由这几个元素组成的：山、水、树木、石头、路、房子等。根据画面和情节的需要，有时出现的场景是由单个元素组成的，有时是由许多元素组成的，比如大场景。在需要一个远景的时候，设计师总是喜欢在场景里将远景、中景、近景等多个层次组合在一起。如，动画短片《牛牛妞妞》中的大场景设计，近景的大叶子植物，中景的具有浓郁特色的土楼围屋建筑，远景的山脉，以及高远的天空和云彩、星星，展现了场景的宏大气场（如图4－1－1）。在动画短片《童年》中，设计者利用远景的山、中景的村落、近景的草垛，展现了一个层次丰富的乡村场景（如图4－1－2）。

图4－1－1

图4－1－2

在动画短片《六合处处喜洋洋》中，表现农家院子夜景时，镜头拉远，同样使用了多层次来展现大场景，前景的鸭舍用来衬托农家房子的高度，中景的农家房子用来展现农家房子之大，远景的山和月亮用来展现农家场景夜晚的安静祥和（如图4－1－3）。通过不同层次来展现场景，近景的几座围屋建筑，中景仍然是几座围屋建筑，远景的山脉，放眼望不到头的感觉，这是超大全景在对比中的表现（如图4－1－4）。

图4－1－3

图4－1－4

而一个特写镜头则不需要太复杂的场景作为背景，有时一个元素就可以衬托出场景主题。如图4－1－5是动画短片《无界》里的一个特写镜头，一条折枝足以表达画面的需求。艺术创作者借景抒情、托物言志，其绘画创作的艺术手法寄托了他在生活中聚积的情感和美好愿望。

图4－1－6是动画短片 *Change* 中一个特写场景——公园的一张长椅子特写镜头，这一元素叙述了角色所处的位置（公园），太阳的照射角度展现了事件发生的时间（上午9点左右，阳光斜照），椅子后面的绿色植物显示了事件发生的季节（夏天），一个特写镜头将事件的发生时间、地点都交代清楚了，这就是特写镜头的作用。因此，场景的大小是根据剧本的故事情节要求而设定的。

图4－1－5

图4－1－6

在室外场景设计中，描绘建筑物、树木、江河、道路这类景物，需要了解透视，否则，江河、道路就不能平卧在地面并伸向远方，建筑物与树会让人感觉不适。在设计场景构图时，首先应根据剧情需要选择视点的高低，不同高度的视点，其构图特点与表现目的应是相同的，大致分为仰视、平视、俯视三种（如图4－1－7）。

图4－1－7

课程作业

1. 设计一个层次丰富的大场景草图。
2. 做同一个场景的仰视、平视、俯视三种设计单词。

第二节　室外场景的表现形式

● 学习目的：了解室外的场景：山、石、树、房等几个元素组成的各种表现方式。

● 学习重点：室外场景设计的树与其他元素的组合方式的画法。

● 学习难点：树的各种画法。

室外场景的画面可分为三个部分，即天、地和所有竖立的物体，围绕主题处理这三大块之间的大小分布和形态，使整个画面具有整体感，又富于变化。为了更加方便快捷地掌握场景的画法，我们在此将分别讲述竖立物体的几个主要元素以及它们的画法。

竖立物体的表现形式

（一）山的表现形式

山即是地面形成的高耸的部分，有山崖、山峦、山川、山头等。山常常作为远景出现在画面中，要画好山，首先要注意观察山脉走势、山形的变化以及山的前后关系。根据我们的视觉经验，山有不同，所以表现的语言也不尽相同，有的山是秀气的，有的山是雄伟的，有的是孤山，有的是重峦叠障，总之，山给人的总体感觉是庞大的、高耸的，给人一种厚重、庄严、高山仰止之感。在画面中，人们往往希望视觉上有一个相比而言体量较重的画面出现。

如图4－2－1，远山趋于缓坡，越远的山处理就越淡彩，近处的山可以适当地有山形的设计，将其分量加重。根据剧情的需要，可增加些云雾，这种虚实对比可以灵活运用，以增添神秘感，呈现人与自然和谐共生的生态画面。

如图4－2－2中山的场景设计，远处的山，山体叠层，右下角远景的山基于平涂，色彩淡淡的，略有些光线的变化。中景的山有许多色彩的变化和层次，不会给人以呆板的感觉。近景的山上精细地画了一棵有特点的树，这样一对比，这个景就显得既有层次，又高远，让山更富有活力。

图4－2－1

图4－2－2

如果是作为主体山，则要求画得细致一些，山形的设计要独特，显得有故事。如图4－2－3、图4－2－4，主山的山脉和主峰造型都突出了与旁边山的不同，为故事的发生发展增加了可视性。

图 4-2-3

图 4-2-4

（二）石头的表现形式

石头常常出现在我们生活中，如路边的小景或者海边的礁石等，都为生活增添了情趣。要画好石头，首先要把一块单独的石头当成立体的，将石头能被看见的几个面都表现出来，这样就有立体感。每个面考虑它的受光与背光，然后再考虑石头的转折、凹凸、厚薄、高矮、虚实等，下笔时笔触要顿挫。

1. 单个石头训练

画单个石头的步骤如下（如图 4-2-5）：

图 4-2-5

（1）先画出石头的造型，能清楚地看见三个面。面不要过于方正，同时画出明暗和转折面。

（2）铺石头受光面的基本色彩，并画出石头凹凸较为明显的部分。

（3）画出较暗的部分和投影，注意区分亮部和暗部的冷暖关系。

（4）调整细节部分，注意要留有反光部分，不要将石头画成“实头”，这样石头才更有灵动性。

2. 组合石头训练

两个以上的石头组合，能更丰富地画出立体效果。进行组合石头训练既能加强对单个物象的认识，又能学会表达组合形体造型，比单个物象更具丰富性，为下一步的场景构图训练打下扎实基础。从单体到组合形体，要注意石头与石头之间的关系，通过训练可以学习整体观察和表现组合物体的方法。多个石头的组合要注意排列，光线的表达要统一，远近的色彩要有细微变化。

画组合石头的步骤如下：要注意石头大小的穿插、石头形状相似，要始终保持前面提到的光线既统一，又有细微变化（如图4－2－6）。

图4－2－6

图4－2－7、图4－2－8就是以石头为背景的场景设计，值得注意的是，每一块石头看上去都相似，无论是从造型上，还是从色彩上，其实都有些小变化，但总体是协调统一的。

图4－2－7

图4－2－8

在动画片《狮子王》中，山石的场景表现尤其多，不同的山石颜色表现不同的人物性格与情绪。如，刀疤的老巢，山石的绿色代表刀疤的冷酷无情，最终刀疤害死了狮子王木法沙，红色的山石表现了豺狼的嗜血与残忍，与片中的黄色山石图形成鲜明对比。

山石的具体装饰画法可以根据山石的不同形状来做一些变化（如图4－2－9）。

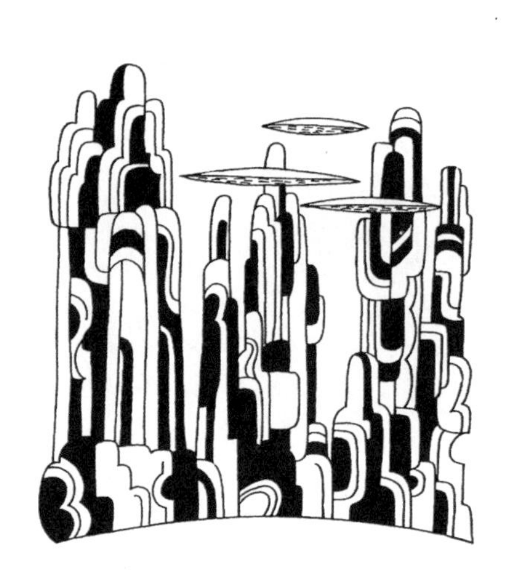

图4－2－9

（三）树的表现形式

树是室外场景画中的主要景物之一，尤其是在生活中，树往往是主景不可缺少的组成，山反倒成为背景的陪衬。生活中树的种类繁多，场景设计要根据地点的特征以及气候的变化，因地制宜地“种树”。因此，树的画法中，要想表现出不同种类树的特点，关键在树枝和树冠的处理。画树干的时候一定要注意树干的特征以及树枝的穿插，画树冠的时候要注意树冠的球状空间，如运用球形、圆锥去表现树木的形态以及树冠的亮部和暗部，总之，要塑造得近实远虚，画得远看其势、近看其质。

写生是艺术生活中的常态，在风景写生中，我们要以自身的视角感悟自然，尽可能地将“笔”的书写性化为图式结构而“强其骨”，通过对各种绘画对比因素的综合，增强画面的艺术趣味，使“气”饱含情感，贯穿全局，并营造出某种特定之“势”，使作品更富于视觉冲击力，从而进入“于天地之外别构灵奇”的自由创造。

冬天的树木叶子掉得精光，树干的结构一览有余，要练习画树，可以从画树干开始。

如图 4－2－10 是一幅以树干为主的场景，画的是林中烟雾的景象。要想画得略有朦胧感，首先色彩上要选用邻近色来表现，对比不能过于强烈。画面的处理也是用近处实远处虚的方法，将眼睛的焦距定在前面的树干中部。

图 4－2－10

如图 4－2－11 是秋天满眼金黄的一个景象，利用了镜像的构图，注意透视关系，前后、左右树与树的实与虚的处理，突出对主体树的刻画，离树干近的地方树叶比较茂盛，在树冠过密的地方适当地露出一点间隙，河水是透明无

色的，因此，树木倒影部分直接采用树叶的色彩，其余的水面运用了对比色彩来衬托树影的美，采用了肌理效果体现水的流动性。基本平涂的天空也用了冷冷的紫色调，更衬托出秋叶的金黄。远处的树要概略，中景的树要塑造到位，用笔干脆有力。另外，大量使用竖直构图就是为了表现树木向上、高大、挺拔的感觉，整个画面夕阳余晖映射下层林尽染，水面精妙重现了层林美景。

图4－2－11

树干的姿势基本根据树的特点，大家可以根据收集的资料照片进行适当处理，平时多拍些照片，这样就不会画得过于概念化和呆板了。

艺术创作往往需要进行取舍。如图4－2－12拍摄的是树的场景，而图4－2－13是根据图4－2－12的照片进行再一次的艺术创作而形成的表达秋天金黄树木的场景，去掉了前面的一些绿色冬青树，让画面更加整体。右边的树适当向右移，使得画面更加具有疏密感，这样的处理手法是摄影无法达到的。借笔墨的独特性，达到自然载体、个性语言、意境意趣的统一，不只是在客观地表现对象形态，通过情感寄托，既能引起大众共鸣，也能给予观者某种联想空间。

图 4－2－12

图 4－1－13

如果是要表现远处的树或树林，可以忽略树干，画出它的大体色彩效果。中景的树其实就是画面的视觉点，在设计上，不需要太多的细致表现。为了不让草坡过于单调，画面的左上方出现了一排树，作为草坡与天空的连接桥梁，这样画面就生动许多（如图 4－2－14）。因此，画出树大致的感觉就可以了，每一棵树略有变化，生动又不抢戏，注意不可以画成剪影的形式。

作为近景的树是有故事的场景设计，需要相对细致的表现，要画出树的结构、态势，树叶的层次，树上的鸟巢，等等（如图 4－2－15）。

图 4－2－14

图 4－2－15

动画片中树的表现形式，以宫崎骏动画中树的表现尤其惟妙惟肖。他注重光影的感觉，喜欢让光线透过树叶折射进来，或者采用漏光的效果，即阳光透过树叶的间隙漏进来，照射在下面的叶子上，画面十分有层次且生动。

不同品种树的装饰画法，可以根据其不同形状来做一些概括和归纳，（如图4－2－16、图4－2－17），还可以对树进行不同风格的尝试（如图4－2－18）。

图4－1216

图4－2－17

图4－2－18

（四）建筑物的表现形式

建筑物作为人们生活和工作的场所，也是动画片里角色表演的场所，所以，画好建筑物也是场景设计的一个重点课题。利用我们平时积累的建筑素

材，用概括的方式提炼出场景中我们所要记录的建筑部分。要画好建筑物往往首先需要了解透视原理（该原理在上一章已具体介绍），其次是选择构图形式。建筑表现技法可以用不同的绘画手法，风格各异，使得画面更为灵动，这需要根据剧情和导演的要求来定。一般来说，建筑物的线条比较清晰，构图严谨，而作为配景的树木等较为风格化。我们可以依照以下步骤进行建筑场景的绘画与设计（如图 4－2－19）。

图 4－2－19

第一步骤：用一个单色打稿，画出大致的明暗效果图，呈现出黑白灰关系，最初构图到最后成图时均应遵循形式美的规律；

第二步骤：画出暗部以及投影部分；

第三步骤：先画天空，再画墙体部分；

第四步骤：刻画细节，画出前景的部分。

画建筑物需要注意以下几个事项：

（1）当几个面交代较为模糊时，要提炼出暗部以表现建筑的前后关系。如图 4－2－20 是动画短片《再见大海》中场景——依山傍海的建筑群，房子的处理是前景色彩明度较深，这样比较容易区分前后关系。当几个面交代较为模糊时，先画出暗部的结构，表现建筑的前后关系，房子与房子之间用树来间隔，显得房子错落有致，一个俯瞰的建筑群构图，通过颜色，楼与楼之间的受光与背光将前后场景区分开来，富有节奏感。

图 4－2－20

（2）在几个建筑并列的时候，重点刻画其中一个建筑物的细节，表达出画面的主次感。如图 4－2－21 是动画短片《猫岛鼓浪屿妖怪志》表现建筑物的场景设计，在处理房子的前后关系时，将主体房子细节处理得十分丰富，除画出房子的结构和门窗以外，还画出了窗框的纹样、台阶的扶手、外挂的空调机、悬挂在柱子上的灯箱广告牌上的字以及空中的电线等，而后面的建筑整个色彩则做淡化处理，几根线条作为衬托，用线条的疏密变化来表达材质对比关系，包括墙面与窗户之间的虚实关系，凸显主体建筑形象。

图 4－2－21

图 4－2－22 是动画短片《猫岛鼓浪屿妖怪志》中表现建筑物的另一个场景设计。房子的前后关系大约有四层，第一层是围墙和铁门，围墙画得十分细致，画出了围墙的破败，挂在围墙上的电线、铁门旁边的红砖的斑驳陆离也表现得淋漓尽致。第二层是建筑物的门窗、外墙和外挂的空调机。可以看到，作者的笔墨虽然表现到位，但和第一层比较还是省略了一些。第三层是后面的建筑，整个色彩处理淡化，虽然还依稀能看见门窗，包括墙面与窗户之间的虚实关系，但是已经没有对细节进行刻画。第四层是最后面的建筑物，几根线条、几个块面作为衬托，用块面的变化来表达材质对比关系，凸显主体建筑。

图 4－2－22

（3）在画低矮的建筑时，重点刻画出植物等与地面相连的部分，压住主体。如，图4－2－23是动画短片《猫岛鼓浪屿妖怪志》表现建筑物的场景设计，在处理低矮房子与地面相连的部分时，重点刻画许多长在地面与建筑物相连之处的杂草，增加些水缸和铁桶等杂物以遮掩建筑物与地面的相交部分。图4－2－24是动画短片《再见大海》表现建筑物的场景设计，从画面可以看见在建筑物与地面交接的部分，设计者设置了许多植物、台阶等，尽量少裸露建筑物与地面的相交部分，这是在画低矮建筑时应该注意的问题。图4－2－25、图4－2－26是动画短片《追捕》表现建筑物的场景设计的两个不同例子，在建筑物与地面交接的部分，作者设置了许多的植物、围栏等（如图4－2－25），而建筑物与地面交接的部分十分裸露，使得路边显得很清静和单调（如图4－2－26）。

图4－2－23

图4－2－24

图4－2－25

图4－2－26

（4）以局部的表达方式着重刻画其中一个建筑物。如图4－2－27、图4－2－28是动画短片《再见大海》两个不同建筑物屋顶的场景设计。从画中我们可以看出作者的心思，通过具有象征性主体物的局部勾画，不但看出每个建筑物的主体表达的不同，也可以看出故事发生地小岛上不同建筑物的风格，以及通过小猫走过的路来展示小岛的风貌。

图 4－2－27

图 4－2－28

（5）在绘制相对复杂场景的时候，需要着重刻画其中一个建筑物或者建筑物的某个特征，以体现画面的中心点。如图 4－2－29 是动画短片《六合处处喜洋洋》的一个场景，对这个场景与其他的场景的不同处理在于色彩的提亮，使之与后面的房子色彩完全不同，利用农家小院常用的道具表现主体房屋。同时，主体房子的门窗与其他房子的门窗的区别在于多了红色的剪纸，与其他场景拉开了距离。

再看看《再见大海》的另一个场景（如图 4－2－30），这个建筑的特点与其他建筑物的不同在于它的台阶和已有一些年代的木头门，与后面的楼房相对比，通过精致刻画主体的大门与其他场景拉开距离。

图 4－2－29

图 4－2－30

正确把握自然形态的造型特点、形态结构规律中的共性与个性、生活习性与自然环境中隐含的人文背景，即透过描绘视觉形态表象得以提升和完善创作方法，弘扬创造精神，是贯穿设计与创作始终的一种艺术方式。

课程作业

1. 做山、石、树、房的单个元素场景设计练习。
2. 做一个由多种元素组合的有层次的场景设计练习。

第三节　路、天空、水的表现形式

- 学习目的：了解场景设计的分类。
- 学习重点：室外场景设计中路、天空、水等元素及其画法。
- 学习难点：水的画法。

一、路的表现形式

路在动画片的作用就是为角色提供走、跑、跳等表演的场所，或者作为对时空的交代。在动画片里，路是必不可少的场景设计。路的形状有多种多样，角度和视线不同，路也就有不同的形式。常见的路是笔直，它可以是横向的，也可以是竖向的，还可以是斜的；也有的路是弯的，这完全取决于故事情节和构图的需要。下面两幅图分别是动画短片《变形记》（如图 4 – 3 – 1）和《再见大海》（如图 4 – 3 – 2）表现的一条平行于画面的横向道路场景。

图 4 – 3 – 1

图 4 – 3 – 2

图4－3－3、图4－3－4分别来自动画短片《忧天》和《小丑》的一个场景，所表现的都是一条垂直于画面的路。

图4－3－3

图4－3－4

路经常与建筑物同时出现在画面中，它不是孤立的，有时会有树或电线杆等作为参照物同时出现。同一条路，可以从不同的角度来表达，用主观镜头表达时常常用到。如图4－3－5、图4－3－6均来自动画短片《变形记》，表现的是同一条路，只是从不同方向看过去而产生了差异。

图4－3－5

图4－3－6

多数的路都是从俯视的角度呈现出来的，因为人所站立的位置比路面高。路况与剧情相吻合，是设计路首先要考虑的问题。其次是注意透视。路必须与周边的树和建筑物保持统一的透视标准，这样看上去会舒服些。如果使用反透视的方法，那么都统一使用这种方法。路的画法相对比较简单，除了为了剧情的需要增添路障之外，基本上可以用平涂的方式，画出投影，衬托主题。

如图4－3－7至4－3－12均来自动画短片《忧天》，表现的是各种不同的路，为了衬托主角慌不择路的情绪效果，场景设计以路为主，但又不能重复，因此描绘了各种路况，以利于主角狂奔。

图4－3－7

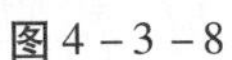

图4－3－8

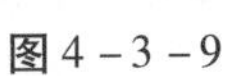

图4－3－9

图4－3－10

图4－3－11

图4－3－12

小路或者小巷也在动画片常常可以看到。如图4－3－13至图4－3－16是动画短片《再见大海》一些表现路的场景，这些路是主角“猫”在小岛上救赎鱼的奔跑之路，是从各种角度和视角进行设计的。

图4－3－13

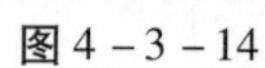

图4－3－14

图4－3－15

图4－3－16

路在生活中是多种多样的，因此在动画片中也应该是多种多样地再现，除了笔直的路，还应该有拐弯的路。如图4－3－17、图4－3－18分别是动画短片《再见大海》《忧天》的场景设计。

图4－3－17

图 4－3－18

一个大的场景往往都含有路，这也是剧情交代时空的一种表达方式。如，图 4－3－19 是动画短片《小丑》的一个大场景，路在此景中不是特别突出，但却是人物流动必需的场地之一；图 4－3－20 是《春草闯堂》第一个角色出现的大场景设计，路在这里起了引导视觉的作用。

图 4－3－19

图 4－3－20

二、天空的表现形式

在室外的场景中，大多数都会涉及天空，有时为了笼罩效果，将天空作为主体来刻画，包括闪电等。如果是白天无云的天空，一般采用平涂的方法，画一些云彩衬托一下。

晴朗天空的表现手法是用大色块处理天空中的云彩，对比明显的明暗大块，使得云彩有强烈的体积感。注意云彩不是纯白色的，即使是云彩的亮面，也是带有固有色，根据天气情况，会有偏黄的暖色、偏蓝的冷色以及乌云的深灰色。

图4－3－21云层的表现层层叠叠，画面更加突出故事的情节叙事性，强化时空的特殊性，通过大量的笔触描绘远处的云彩，使得画面的场景更加趋于故事的叙说性，与近景两艘小渔船形成对比。画布上晨曦映射下的滩涂、静谧的渔船、倒映的天色清晰可见，精妙的是，一笔而成的远处的小人俨然成为画面的兴趣点所在，尽显一派诗情画意。

图4－3－22是一幅描绘从厦门遥望鼓浪屿岛屿对岸的场景。作者想表达的是此刻的天空之美，他将鼓浪屿岛上的建筑明度和纯度降低，不至于喧宾夺主，云朦胧，云雾升腾，自然万物也随之变形、变色、变姿态。

图4－3－21

图4－3－22

表现近处的云朵，也可以用中国的祥云纹样形式来表达。如图4－3－23是动画短片《西北雨》的祥云表达方式。

图4－3－23

云彩的具体纹样画法，可以根据不同云朵、不同形状来做一些变化（如图 4-3-24）。

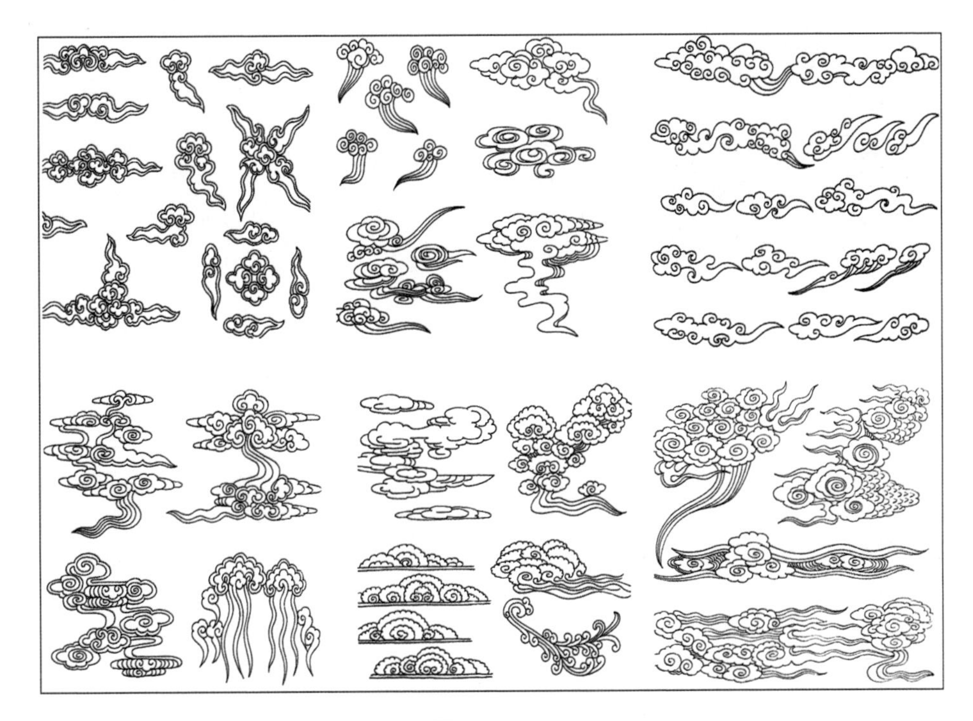

图 4-3-24

三、水的表现形式

江河、湖泊、池塘等含有较大水面的地方是我们常常要表现的室外场景。水是透明的，需要表现的是倒影部分以及水流动的纹理。因此，能够看见水的画面，基本上都是从俯视的角度来表现的。

水天一色，是表现水的方式。平静的水像一面镜子一样，倒影的颜色，在明度、纯度色彩画得应该比实景低，倒影边线处理也比实体要虚。在上色时从形态上略显破碎些，这样就能突出水面的涟漪（如图 4-3-25、图 4-3-26）。

图 4－3－25

图 4－3－26

图 4－3－27 出自动画短片《西北雨》，表现的是流动的小溪，因此，要适当地画一些水花增添气氛。

图 4－3－27

如图 4－3－28 来自动画短片《六合处处喜洋洋》，表现了一只小鸭子在

小河里游动、扎猛后的水花变化。

图 4 – 3 – 28

海水的表现形式与河水、湖水不同，主要表现沙滩被海浪拍打时潮水的样子。浪的线条要流畅，波浪与波浪之间要注意节奏，不要画出相同的弧形（如图 4 – 3 – 29）。由于浪花的影响，海水的层次非常丰富。从图中可以看到，海水由近及远，颜色由深到浅，将水与浪花从强到弱的形态表现得淋漓尽致。

图 4 – 3 – 29

表现水花时可以画些具体的水花图案，浪花、水花纹样具体的画法可以根据不同水花的要求、不同形状来做一些变化（如图 4 – 3 – 30）。

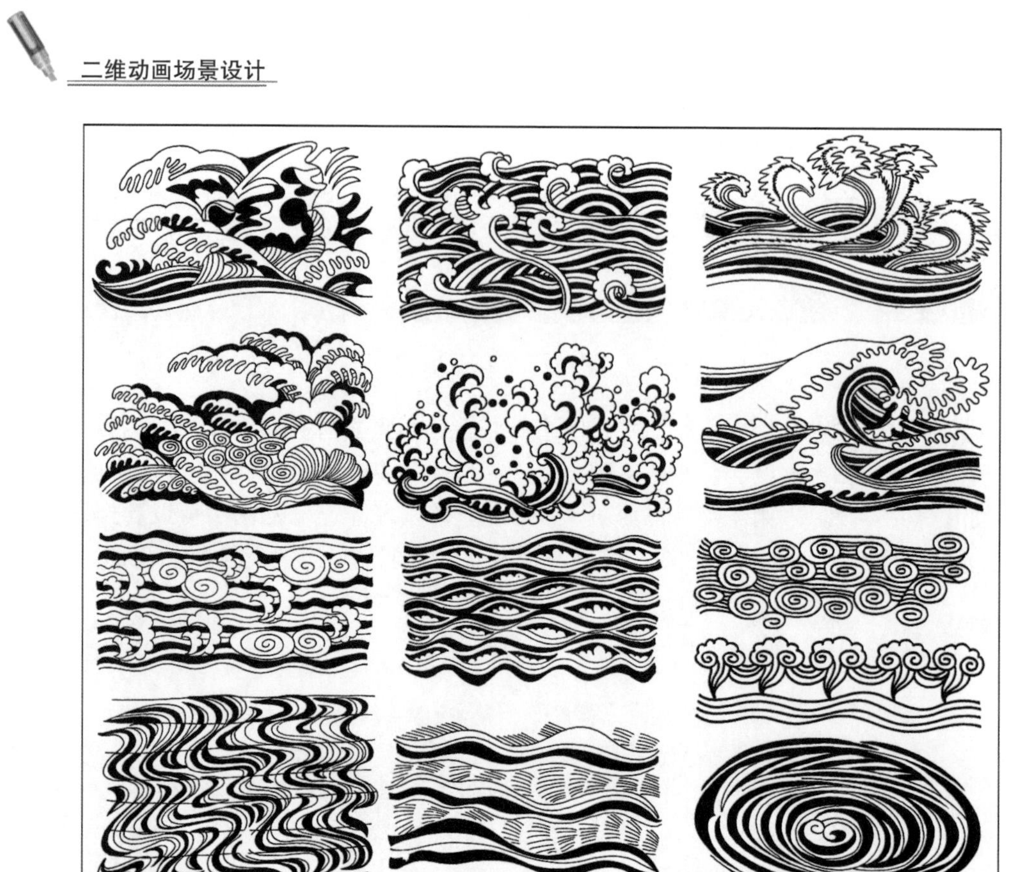

图 4-3-30

课程作业

1. 做几个不同角度的路的场景设计。
2. 各作四个不同节奏的水和天空的画。

第四节　室内空间的表现形式

- 学习目的：了解室内空间的表现形式及其运用。
- 学习重点：室内场景设计的布局。
- 学习难点：室内场景设计和道具设计的作用。

室内场景的表现，首先要考虑整个空间的布局，其次要考虑角色与场景的比例关系，最后要考虑透视、色彩、对比、明暗等，根据剧情的需要，掌握不同角度、不同视角的需求。

如图 4－4－1 是动画片《再见大海》主角屋内的主要场景设计，主角是一只猫，因此，利用猫在橱子顶部的主观镜头表现屋子的这一布局。

图 4－4－1

图 4－4－2 至图 4－4－13 通过猫在屋里上蹿下跳的不同视角来设计屋里不同角度的场景效果。值得注意的是，图 4－4－13 是猫在室外向室内张望的镜头，几种植物的排列方向与图 4－4－12 的方向正好镜像，不能跳轴。

图 4－4－2

图 4－4－3

图 4－4－4

图 4－4－5

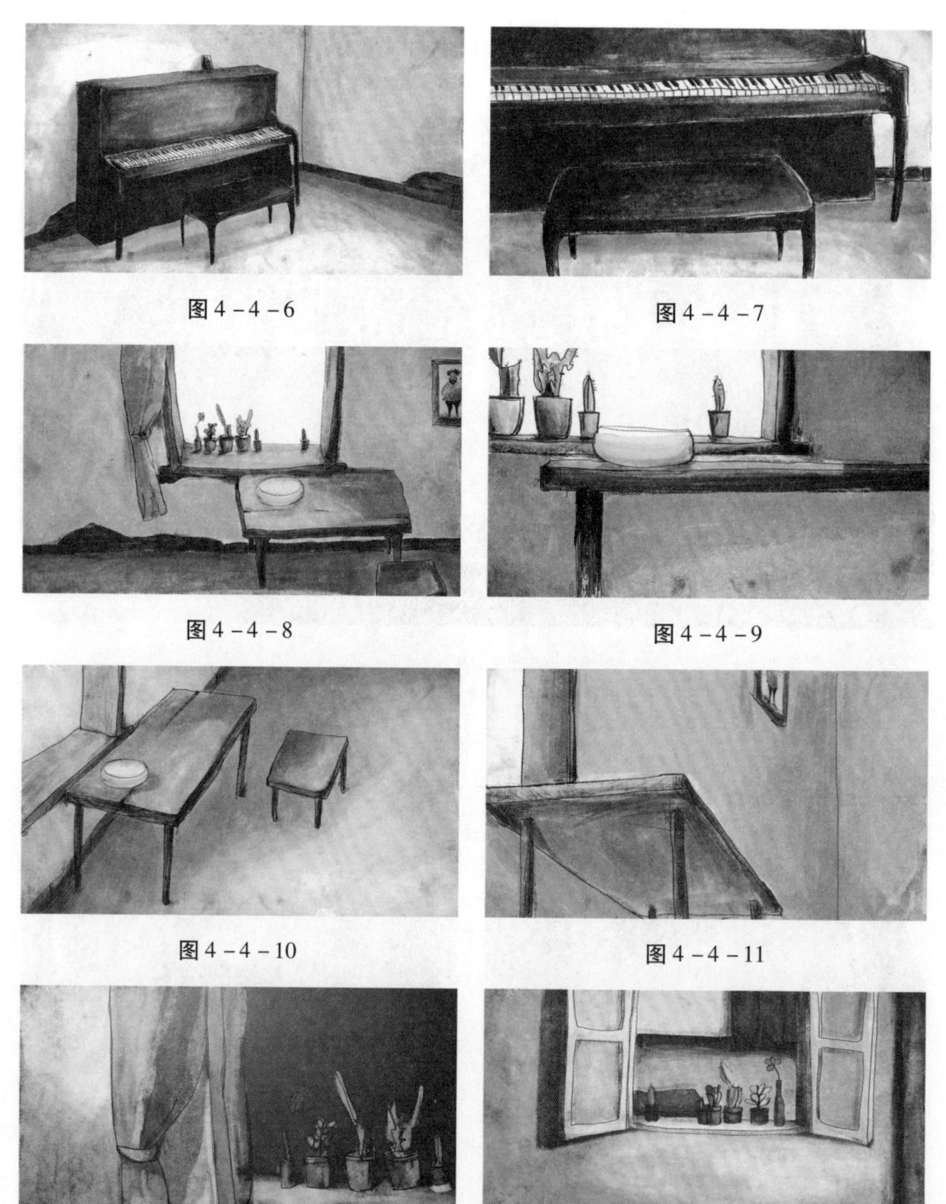

图4－4－6

图4－4－7

图4－4－8

图4－4－9

图4－4－10

图4－4－11

图4－4－12

图4－4－13

动画短片《再见大海》的室内布局相对简单，画面利用了类似油画的绘画语言，使得场景的画面看起来更加真实而细腻。绘制相对简单的室内场景时，可以多在风格上进行尝试，如上色方式、笔触的大胆留痕等。

如动画短片《变形记》中的室内场景设计就使用了极大的透视关系来处理，使得画面的风格产生了另一种感觉，观众似乎和角色一同戴上了凸透镜在镜头里走来走去（如图4－4－14、图4－4－15）。

图4－4－14

图4－4－15

在遇到相对复杂的场景时，室内同室外一样，设计时要注意场景中的主次关系。如 *Fairy Tale* 的室内场景，桌面上有很多的摆设，场景看似复杂，其实画面的中心是书本，因为这里画面面积对比关系最强烈，位置又在构图的中心，成为视觉中心，也将画面的主次关系分开了（如图4－4－16）。

夜晚室内场景的表现，更多地借助灯光的关系。如《兔子料理》中的晚上室内场景，通过灯光确定画面的主次关系、明暗关系。灯下的场景大门有强烈的明暗面对比，而灯光照射范围以外的地方，整体比较暗，看不清细节，自然地退到了次要位置（如图4－4－17）。

图4－4－16

图4－4－17

图4－4－18是动画片《西北雨》中新郎家的供台，图4－4－19是婚房的场景设计，都是场景借用光影来打造场景。

图4－4－18

图4－4－19

如，图4－4－20是动画片《天黑黑》男女主角发生争吵的主要场景厨房的设计，图4－4－21则是煮鱼用的锅鼎，设计师注意到了天黑以后厨房的灯和灶台的火的光源安排，以及厨房内的各种必备的设施，符合剧情的需要。

图4－4－20

图4－4－21

场景设计需要许多的物件排列，道具是必不可少的设计元素，在设计道具时，一是要注意道具与场景的比例关系，二是要注意道具与角色之间的比例关系。

场景设计中的道具设计，在动画片里的特写和大特写中往往会使用到。

如图4－4－22是动画短片《老鼠狂想曲》的厨房设计，是老鼠活动的主要场所，从图4－4－23中我们可以清晰地看到主角老鼠和厨房中的道具之间的比例关系。

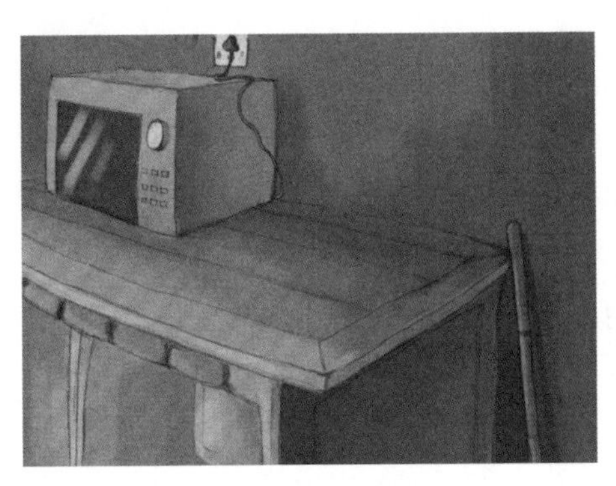

图 4－4－22

图 4－4－23

图 4－4－24 是动画短片《小丑》的儿童房设计，是开篇中女童与小丑玩具活动的主要场所，图中我们可以清晰地看见主角与道具之间的比例关系。图 4－4－25 是动画短片 *Day Dream* 的客厅设计，图中的钢琴与主角之间的比例关系一目了然。

图 4－4－24

图 4－4－25

在二维空间营造视觉空间假象，应利用虚实对比，强调视觉上引发观众的通感和联想，激发想象空间。空间感和场域性，在视觉上也更直接地给观者以带入感，从而让观者身临其境地感受到从物质空间到心理空间带给他们的震撼，可以与设计者共同走入其中，从不同的视角变换欣赏，积极互动。

课程作业

完成一组（4 幅）不同角度的室内场景设计。

第五节　场景的绘制步骤

- 学习目的：了解场景设计的步骤。
- 学习重点：场景设计的步骤与方法。
- 学习难点：场景设计的方法。

在这一节中，通过对一些步骤的详解，让大家了解如何绘制出一张令人满意的场景图。先看一下完成图，一张海底的场景（如图4－5－1），我们在临摹的时候要注意以下几个方面：一个是透视关系。因为这幅场景的纵深关系很深远，透视很强烈。另外一个是主次关系。在相对复杂的场景中，不可能画得面面俱到，强调真实三维的体量、空间感和场域性，在视觉上能更直接地给观众以带入感。

图4－5－1

第一步：建立一个图层，以便更准确地画出主体的形状，两个树干的位置（如图4－5－1.1）。

第二步：将画面的底色铺起来，铺底色的时候主要考虑大的明暗关系即可，不必在意太多的细节。将草稿图层的透明度调整到大约30%，并新建一个图层确定线稿，在这个阶段确定一些大的枝节。这是一个很关键的步骤，其结果将影响后面所有的过程。（如图4－5－1.2）

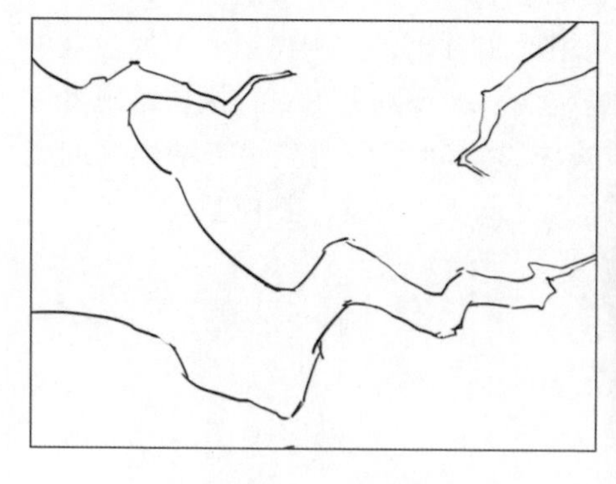

图4－5－1.1

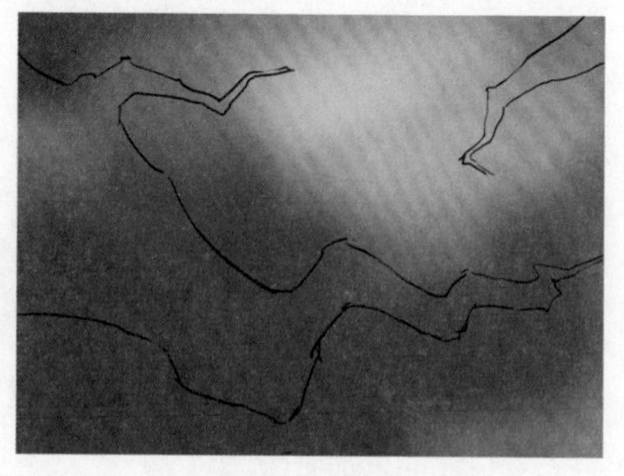

图4－5－1.2

第三步：再建立一个图层，用多边形套索工具勾画出背景建筑的形状。由于建筑的直线比较多，因此使用多边形套索工具。如果曲线比较多，则应该使用普通的套索工具，混合模式改为正片叠底，这样就可以让之前的色块透过阴影图层显现出来。选择一个中性冷色调颜色，在图层上画出阴影。（如图4－5－1.3）

第四步：细化背景建筑的形勾勒出线的边缘（如图4－5－1.4）。

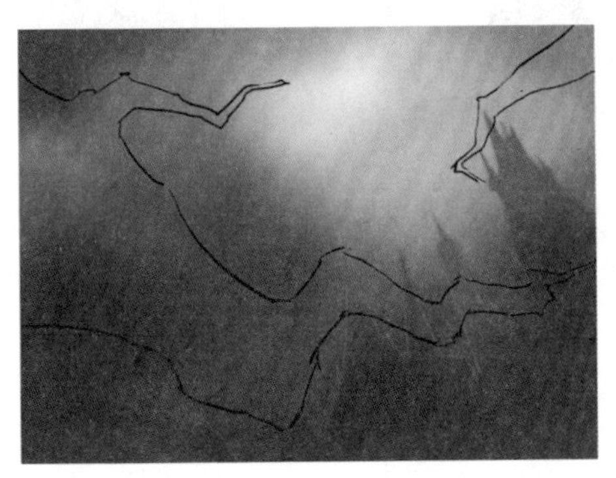

图4－5－1.3

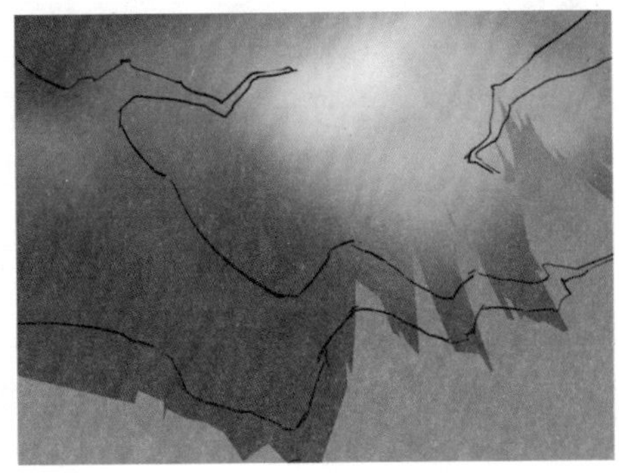

图4－5－1.4

第五步：给主体物两个树干填充固有色，可以根据自己的色彩感填充颜色，用大号默认笔刷涂抹没有任何阴影高光的色块，将绿色作为主体颜色涂在大致的位置（如图4－5－1.5）。

第六步：对主体物做细节的绘制，接着添加别的颜色以体现更多细节（如图4－5－1.6）。

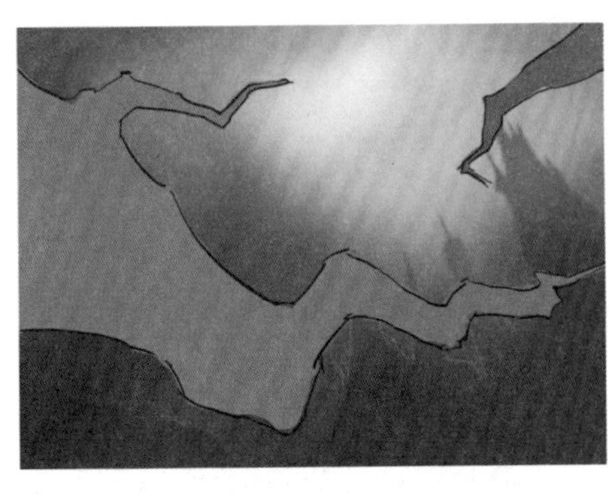

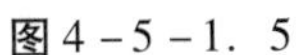

图4－5－1. 5

图4－5－1. 6

第七步：更加细节地绘制，绘制场景直射光（如图4－5－1.7）。

第八步：绘制其他的装饰性元素，如鱼群、透过海平面的光，在顶端新建图层，命名为直射光。这一步需要注意光的冷暖，在画阴影时用冷色调，但在画高光的时候则要用更暖更明亮的颜色。在光源直射的地方使用暖绿和明黄绘制出亮部。（如图 4－5－1.8）

图 4－5－1.7

图 4－5－1.8

第九步：细节的处理，强化光线，在顶端新建图层，命名为高光，回到亮部的绘制。在阴影和亮部间反复调整画面直至平衡，用吸管吸取直射光部分的颜色，取比它亮度高很多的颜色，然后绘制需要高光的地方。在这一步还要画出部分轮廓光和一些更深的阴影色。（如图 4－5－1.9）

第十步：隐藏轮廓线，深化鱼群，再对细节进行修改。在阴影区域，光会照亮凸起的部分并产生反光。在直射光图层下新建一个反光图层，然后选择一种比周围阴影颜色更亮更温暖的颜色。精细是这一步的关键，只需要稍微调整数值，想象光源被反射的样子，整体就完成了。（如图 4－5－1.10）

图 4－5－1.9

图 4－5－1.10

在绘制过程中，一定要注点侧重点，侧重点是在只有光线照射到树干的亮面进行细节的刻画，而其他地方基本上几笔带过，这样才有对比，才会显得画面更丰富。如果每个地方都很绘制得细致，整个画面反而失去了层次感。

再看一幅带有春天色彩的童话故事动画短片《隐形的翅膀》中麋鹿家的场景设计（如图 4 –5 –2），来了解这幅场景的绘制步骤。

第一步：用线勾画出主体的轮廓：房子、道路和背景树（如图4 –5 –2. 1）。

第二步：将画面的底色铺起来，铺底色的时候主要考虑大的色彩关系，春天的色彩气息要浓烈些（如图 4 –5 –2. 2）。

图 4 –5 –2

图 4 –5 –2. 1

图 4 –5 –2. 2

第三步：画出主体的两座房子的色彩关系，突出主体（如图 4 –5 –2. 3）。

第四步：细化道路、草地及背景树干和树冠的色彩（如图 4 –5 –2. 4）。

图 4 –5 –2. 3

图 4 –5 –2. 4

第五步：细化树干和树冠、主体房子前面的草丛以及小树上的鸟屋（如图4－5－2.5）。

第六步：更加注重对前景细节的绘制，绘制其他的装饰性元素，如道路旁的石头和小草（如图4－5－2.6）。

图4－5－2.5

图4－5－2.6

第七步：根据喜好“种”点小花和蘑菇，增添趣味性，注意不要“种”太多，最后再进行细节修改，调整质感材料形状，点击编辑 > 自由变换，调整质感材料以适合图像的大小。然后点击编辑 > 变形 > 弯曲，调整素材直至和图像物轮廓吻合，整体就完成了。(如图4－5－2)

图4－5－3

接下来尝试用其他一些方法来作画，看看主要经过几个大的步骤（如图4－5－3）。

第一步：先刷一个自己喜欢的底色（如图4－5－3.1）。

第二步：再反添天空，留出山的形状（如图4－5－3.2）。

第三步：画出山与地面交接的部分，用远处的树来过渡（如图4－5－3.3）。

第四步：开始画花田，细化山的肌理和结构（如图4－5－3.4）。

图 4－5－3.1

图 4－5－3.2

图 4－5－3.3

图 4－5－3.4

用同样的作画方法去画另一幅场景（如图 4－5－4）。

图 4－5－4

第一步：先刷一个自己喜欢的底色（如图 4－5－4.1）。
第二步：再反添天空，留出山的形状（如图 4－5－4.2）。

第三步：细化山的肌理和结构，画出山与地面交接的部分，用远处的树来过渡（如图4-5-4.3）。

第四步：开始画绿色的农田，细化山的肌理和结构（如图4-5-4.4）。

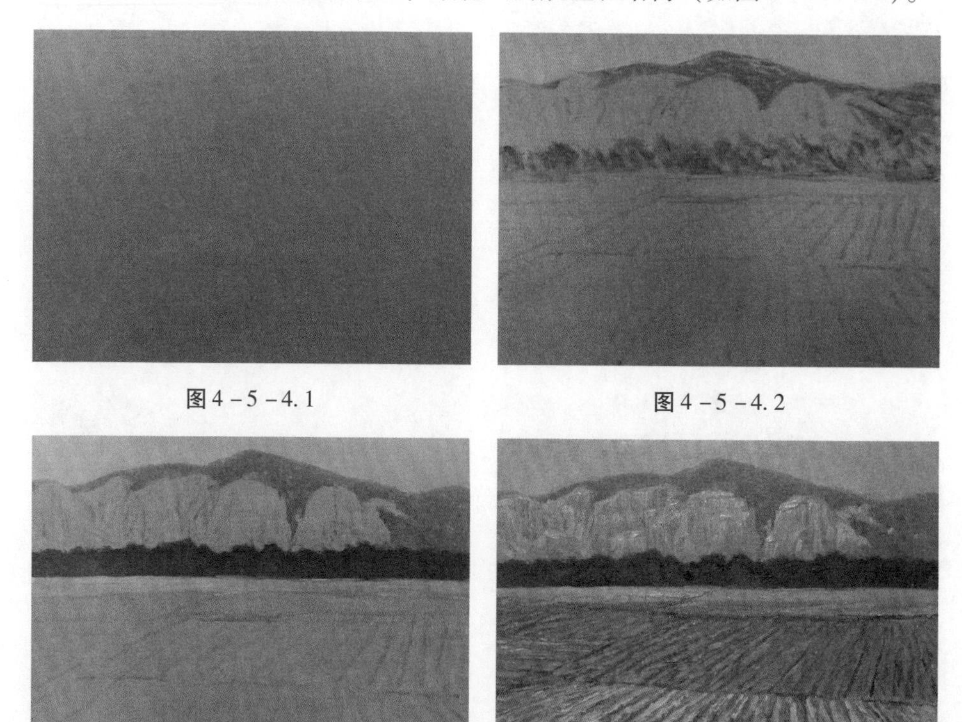

图4-5-4.1　图4-5-4.2

图4-5-4.3　图4-5-4.4

接下来了解下面这幅场景的作画步骤（如图4-5-5）。

图4-4-5

第一步：先用单色勾画出草图，大致画出明暗效果（如图4－5－5.1）。
第二步：大胆铺出山的色彩的变化（如图4－5－5.2）。
第三步：细化山的肌理和中景的树（如图4－5－5.3）。
第四步：细化前景（如图4－5－5.4）。

图4－5－5.1

图4－5－5.2

图4－5－5.3

图4－5－5.4

接下来了解下面这张场景的作画步骤（如图4－5－6）。

图4－5－6

第一步：先用单色勾画出草图，大致画出明暗效果（如图 4－5－6.1）。

第二步：大胆铺出树的几个层次，注意色彩的变化（如图 4－5－6.2）。

第三步：铺出远山的色彩和近景的花丛的色调（如图 4－5－6.3）。

第四步：细画天空和山的层次与前景以及河流部分，调整中景的树（如图 4－5－6.4）。

图 4－5－6.1

图 4－5－6.2

图 4－5－6.3

图 4－5－6.4

在画设计稿时，初学者也可以先根据分镜的要求，严格画好透视线稿，然后再上色，这是初学者比较快捷的作画步骤。如《兔子料理》的场景设计（如图 4－5－7.1），这是一张很具体的线描稿，图 4－5－7.2 是完成稿。又如《老鼠狂想曲》的场景设计，图 4－5－8.1 是线稿，在稿图中已经将所有的透视问题都解决了，图 4－5－8.2 则是填色后的完成稿。

图 4-5-7.1

图 4-5-7.2

图 4-5-8.1

图 4-5-8.2

小　结

本章分别讲述了室外、室内场景组成元素的基本画法和步骤，以及各种景别作用下的画法，通过不同元素的单个练习，可以增强基本功，为不同的场景设计要求做适当的准备。

课程作业

完成一幅大场景设计。

第五章　动画场景的构图设计

第一节　动画场景中的基本构图方法

- 学习目的：了解动画场景设计的基本构图方法，并熟练掌握。
- 学习重点：对称式构图与均衡式构图在场景设计中的功能与应用。
- 学习难点：对称式构图、L 形构图场景的设计主体表达。

我们在绘制动画场景的时候，除了初期的观察和收集资料，进入绘制过程中，最先让我们注意到的应该就是构图方式。构图为整个场景画面定下基调，影响整个场景给人的视觉冲击力。好的构图作品可以让人第一印象深刻，同时给主角更好的表演空间，增添影片的吸引力。在这一章的学习过程中，将为大家详细讲解各种构图以及它们的优势、所适合表现的场景样式。

一、对称式构图

根据人们的视觉经验，在可视范围内，即在画面中，人们往往希望视觉上有一个力的均衡。均衡可以分为绝对均衡和相对均衡。绝对均衡就是对称的形式，相对均衡是指等量不等形的平衡。

对称，是指点、线、面在上下或左右由相同的部分完全相反而形成的图形；对称是表现均衡的完美形态，它表现为力的均衡，是人们生活中最为常见和习惯的一种构成形式。如人的外部身体结构、大多数动植物的结构都是对称的。

对称，给人的感觉是有秩序、庄严肃穆，呈现一种安静平和的美。一些传统的宫殿、庙宇的建筑设计以及这些建筑中的藻井图案也基本采取对称的表现形式，将主要的物体放置在画面中央，体现了一种对称的效果。

对称式构图一般分为左右对称、上下对称。构图中的对称变化往往是由画面故事的变化来决定的。

（一）左右对称的构图手法

左右对称构图是指中轴线垂直于画面，可以给人平衡、稳定的感觉。如图5－1－1是中国古代建筑的设计，充分显示了对称之美。

图5－1－1

在欧美建筑中也一样能找到以垂直中轴线的左右对称建筑（如图5－1－2、图5－1－3）。

图5－1－2

图5－1－3

图5－1－4的画面采用的是左右对称的构图手法，使得打开门的方式显得十分庄重。在美国动画片《花木兰》中，花木兰在打开橱柜取出父亲的盔甲时，就采用了左右对称的镜头特写。

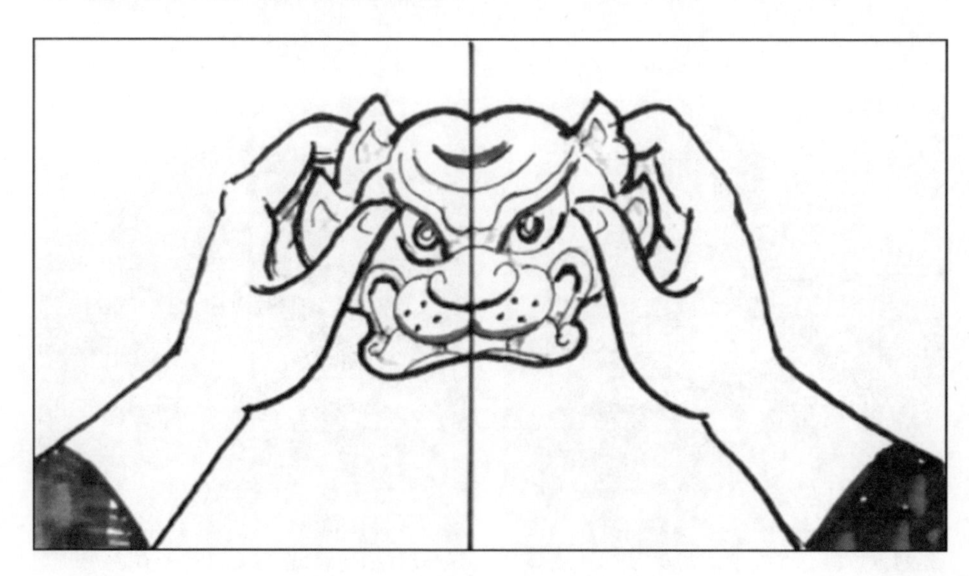

图5－1－4

（二）上下对称的构图手法

上下对称的构图是指中轴线平行于画面。我们在场景设计时常常利用水的倒影来完成上下对称的构图（如图 5－1－5）。

图 5－1－5

如，图 5－1－6 拍摄于毛里求斯，海边的夕阳，玫瑰色的云彩照耀在一座无名的小岛上，海天一色，上下对称式呼应，整个画面给人的感觉是协调、平静、安宁。图 5－1－7 同样拍摄于毛里求斯，表现的也是海边的夕阳，用的是上下对称的构图手法。所不同的是，场景中利用水面的倒影形成上下对称式，构图由两条中轴线组成，一条在石头与海平面交接处，另一条是在小狗的脚下。

图 5－1－6

图 5－1－7

图5－1－8是动画电影《再见大海》的一组镜头，猫咪走向海边、放生小鱼，岸上真实的猫咪与水中猫咪的倒影上下呼应，形影相吊，画面更容易调动观众的情绪。

图5－1－8

对称具有较强的秩序感，但是仅拘于上下、左右或辐射等几种对称形式，便会产生单调乏味的感觉，所以，在设计时，要在几种基本形式的基础上灵活加以应用，才能产生理想的效果。在总体保持均衡的条件下，局部变动位置时要注意其均衡关系。

对称也有不足之处，它存在过于完美、缺少变化的弊端，给人以呆滞、静止和单调的感觉。为了满足视觉需求，有时需要打破完全对称的形式。这里所说的变化和突破不是无限度的，它要根据力的重心，将其分量加以配置和调整，从而达到均衡的效果。为使其量感达到平衡，在形象上可有所差别，这种构成状态为均衡，较之完全对称的形式，更富有活力。

在了解对称与均衡关系后，我们来学习具体在画面构图时用哪些方法体现这个构图法则。

对称和均衡是构图的基本法则。如图5－1－9是力的均衡图解。

图5－1－10是动画短片《龙九子獬豸》地下龙宫的设计，龙宫大门整体采用了对称的手法，而水下生物则采用了均衡的手法，画面显得丰富不呆板，满足了人们的视觉要求。

图 5－1－9　　　　图 5－1－10

图 5－1－11 是动画短片《春草闯堂》的一个镜头的设计，大场景整体用了完全对称的手法，而三个人物采用的则是均衡的表现手法，但是画面给人的感觉还是对称的，而不是均衡。

图 5－1－11

二、横线构图

构图形态的组织所产生的整体构造是按照视平线的横线布局，称为横线构图（如图 5－1－12）。横线有一定的延伸感、稳定感、平静感，但有时显得较为呆板。因此，横线的构图经常用于横画幅，可以让横线的线条在视平线的方向上进行延展。横

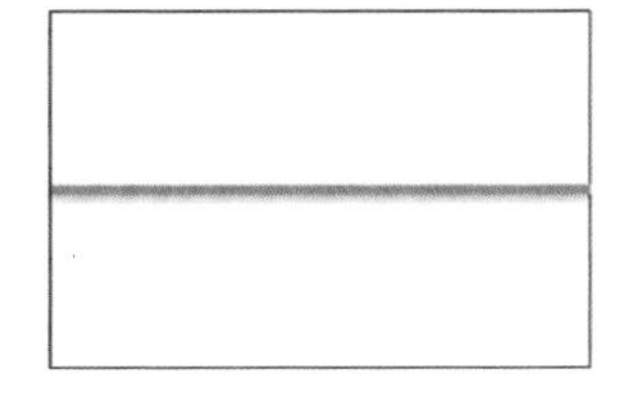

图 5－1－12

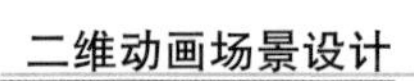

线构图同样是一种常见的构图方式，比较适合表现宏大的场景。根据视平线的不同位置，横线构图又可以分为低视平线、高视平线、中视平线的构图方式（如图 5－1－13）。

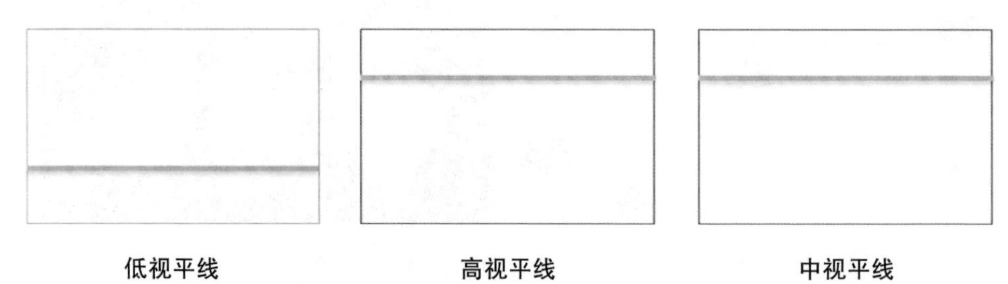

图 5－1－13

（一）低视平线处理画面的构图形式

在选择构图时，如何摆放视平线是首先遇到的问题。为了让视平线上方成为整个画面的视觉焦点，视平线以上的景物应该成为你最想表达的画面需求，让主体表现得更加充分，将视平线降低，最好是采用低视平线的构图方法。

如，图 5－1－14 的摄影作品，采用低视平线的构图方法，将大面积的空间用于表现蓝天以及被风吹得摇曳的椰子树，使得画面的视平线上方成为整个画面的视觉焦点。

图 5－1－14

图 5－1－15 是一个大场景的设计，远处的城堡错落有致，构图上打破了绝对对称，采用了均衡的形式表达。低视平线的构图使得视平线的上方留有足够的空间来表现宏大的城堡，成为观众视觉的中心。

图 5－1－15

图 5－1－16 是动画片《再见大海》的一个全景图。同理，低视平线的构图是为了让视平线的上方表现鼓浪屿的整个岛屿。视平线以上空间的构图用了三角形均衡的形式表达设计岛屿的全景，也是片中故事的发生地。同样的表达形式，我们在美国动画片《疯狂动物城》里也可以看到。

图 5－1－16

图 5－1－17 是动画片《花木兰》开场中一个镜头概念图。因为城墙是固定不动的，以城墙作为低视平线，构图标线，降低视平线让出较大的面积，让视平线以上的场景表现得更加充分，给出的足够的空间使得越过城墙的钩子成为整个画面的视觉焦点，一个又一个的铁钩钩住了城墙，让画面触目惊心，预示着侵略者马上就要入侵。

图 5－1－17

图 5－1－18 是动画片《再见大海》的一个镜头。从窗台上俯视，植物盆栽的摆放用的是散点法，使构图均衡。以窗台作为低视平线构图标线，通过降低视平线让出较大的面积，景物构图上方留有大量的空白，以衬托下方的景物，这种虚实对比可以灵活加以运用。

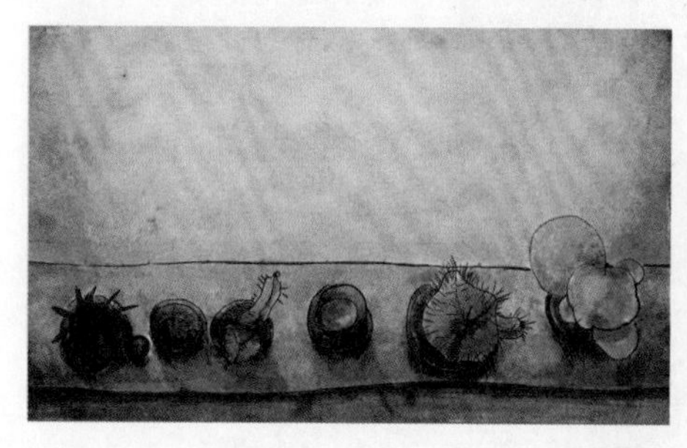

图 5－1－18

（二）高视平线处理画面的构图形式

让视平线的横线置于画面较高处的构图为高视平线构图，这种构图方式主要表现水平线以下的场景，整个画面的视觉中心在水平线之下。如图 5－1－19 中，视平线位于水平面和地面房屋的交界处，视平线较高，视平线下方水池的宽度、纵深感都非常大，体现了这一个场景中水池的特征。

图 5－1－19

图 5－1－20 中这种高视平线的构图方式，主要表现视平线以下的场景，沟壑的滩涂比平面的海边要丰富许多，整个画面的视觉中心就在视平线下方，即退潮后海边滩涂和平面海水衬托出的落在高视平线上的一条红色小船。

图 5－1－21 的高视平线的构图方式，主要表现视平线以下的人物，小男孩在浅海里嬉戏，这是这幅画面的重点。

图 5－1－20

图 5－1－21

图 5－1－22 同样采用高视平线的构图方式，给海浪拍打沙滩的表演留下了足够的空间。

图 5－1－22

(三) 中视平线处理画面的构图形式

在选择构图时，当你举棋不定不知如何权衡上下关系，又觉得上下都一样重要时，视平线上方、视平线下方不是单方向成为整个画面的视觉焦点，而视平线上下的景物又都是你想表达的画面需求，为了让主体表现上下呼应，这时最好采用中视平线的构图方法。

让视平线横线置于图的中线构图，能够使整个画面四平八稳，尤其是使用了较为对称的方式，可以让画面产生平衡、安宁、均匀的感觉。如图 5－1－23 中的建筑物整体用了对称的手法，延长线的末端采用了均衡的手法，从力的感觉上看是对等的，又能使画面显得丰富一些。

图 5－1－23

图 5－1－24 将视平线的构图标线放置画面中间，作为区分疏密的分界线。在蓝天的衬托下，屋顶的玉米显得格外的突出，天的蓝色与玉米的橙色形成互补色，相辅相成。

图 5－1－24

图 5－1－25 采用了中视平线的构图方式，是因为此时夕阳的余晖一样动人，一半的面积留给草地，是因为秋天的干草的色彩也同样迷人，树干的剪影打破了构图的横线表现，更加显示出傍晚的凄楚，突出了画面的主要表现物体树干。

图 5－1－25

中视平线的构图方式的作用可以这么来理解，当你觉得上下都一样、无法取舍时，可采用平分秋色的构图方式来表达画面。如图 5－1－26，此时的天空美景一道光线不可不留，而沙滩上的船影又显得那么的宁静，在光影的衬托下突出了夕阳下的海边“归”的意境。一半的面积留给天空，是因为天空的光源色彩也同样迷人。

图 5－1－26

拍摄同样的景物可采用不同的视频线构图方式，当你的视频线在向上或向下移动时，整个画面的风景也在变，同时你所要表达的画面重点也跟着你的镜头在变，观众的视线也跟着你的思绪在变（如图 5－1－28）。

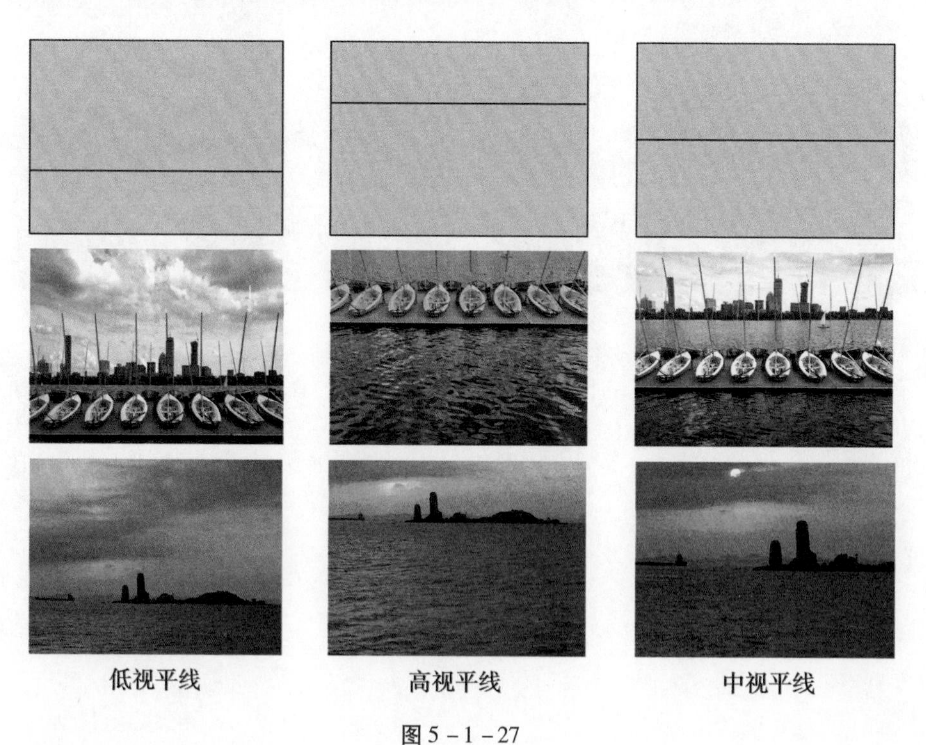

图 5－1－27

三、竖直线构图

竖直的线条本身给人的感觉就是生长、高大、挺拔，富于生命力、力度感、伸展感。竖直线构图是利用场景中存在的事物形成竖直线构图，给观众带来纵向视觉的延伸感（如图 5－1－28），如宏伟的建筑物和森林中高大的树木。

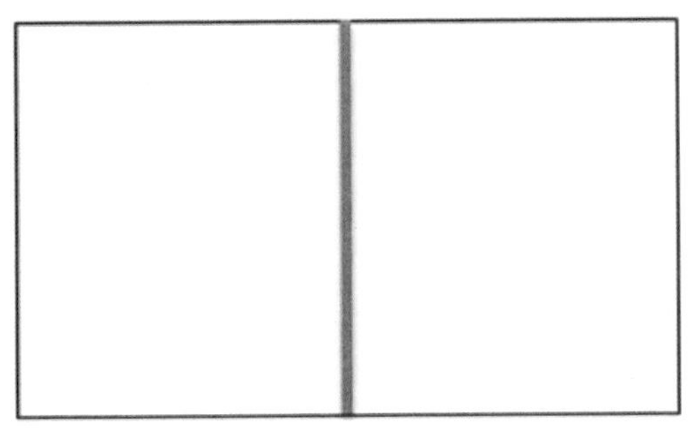
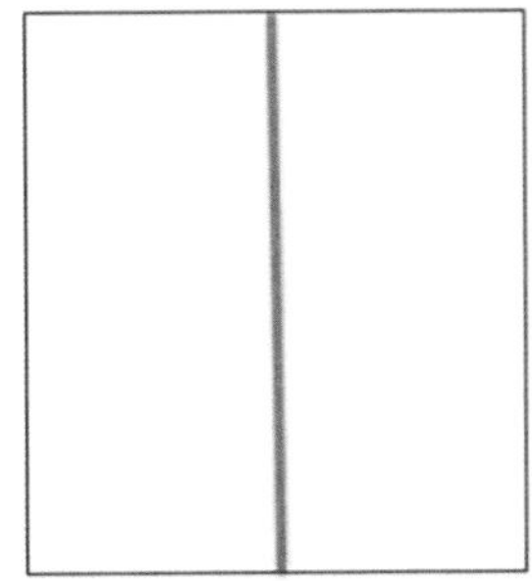

图 5－1－28

如，图 5－1－29 是巴黎圣母院的外观，图 5－1－30 是著名的巴黎蓬皮杜现代美术馆的外观，利用它们现有的柱子和钢管，采用纵向的构图，更加显示出建筑的高大和视觉冲击力。

图 5－1－29

图 5－1－30

如，图 5－1－31 是美国纽约“9·11”纪念中心周围的建筑物，图 5－1

-32 是迈阿密一处带有涂鸦的厂房设备，为了烘托环境氛围，展现建筑物的高大，都采用了竖直线的构图方式。由于还有透视的关系，所以我们看到的构图辅助线并不是完全垂直的，属于竖直线构图。

图 5-1-31

图 5-1-32

用竖直线构图表达宏伟高大的建筑物时，大多数观察者看到的往往是物体的体积，因此要把体积转化成线条去观察，这样构图方式就可以很明显地看出来。

我们可以通过观摩不同的场景来提升自身的水平。如图 5-1-33、图 5-1-34 是光线和投影产生的竖线。

图 5-1-33

图 5-1-34

竖立表示生长的方向，因而大量使用竖直线构图的例子就是表现高大的树木。如图 5 – 1 – 35、图 5 – 1 – 36 中使用了竖直线构图来表现巨大的树木，故画面产生了一种挺拔、向上增长的感觉。

图 5 – 1 – 35

图 5 – 1 – 36

不同的竖直线构图给人的感觉是不一样的。相比较而言，图 5 – 1 – 35 给人的感觉是树木在无限延伸，图 5 – 1 – 36 让观众感觉到树木的高度，这是因为该图中的树木在构图的时候被主观性地截断了，给人的空间想象感更强，利用这种构图方式可以增强视觉延伸感，加强对场景氛围的渲染。图 5 – 1 – 37 同理。

图 5 – 1 – 37

图5－1－38是剪纸动画短片《鹊桥汇》的截图，利用了竖直线构图形式，让人感觉这个爬藤又高又长，从而增添了男女主人公逃跑的艰辛感。

图5－1－38

四、斜线构图

斜线构图是指在画面中的主场景呈现一定的斜线条，给人一种不安定感、运动感、方向感，适合表现有运动感、空间感的事物（如图5－1－39）。根据斜线的不同，又可以分为普通斜线构图和对角线构图。

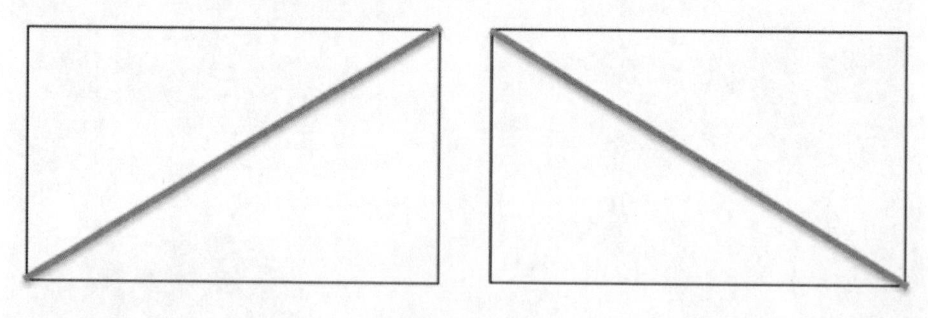

图5－1－39

图5－1－40是普通斜线构图，画面将视觉的中轴线进行倾斜，一个普通的建筑物的屋顶，在蓝天的衬托下，阳光照射下的那扇窗户显得格外的灵动。

图 5-1-41 表现的是位于澳大利亚墨尔本大洋路的一座突出于山顶的建筑，这样一个斜线构图十分贴近设计师的初衷，使得建筑在夕阳下显得更加神秘。

图 5-1-40

图 5-1-41

斜线构图将视觉的中轴线进行倾斜，将视觉平衡点移到了斜线的两端。如图 5-1-42 中，向上的斜线同样给人以生长的感觉。

图 5-1-43 是动画片《倒霉的羊》的一个镜头，通过斜线构图的延伸感来区分画面的疏密对比，增加了画面的可读性。

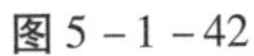

图 5-1-42

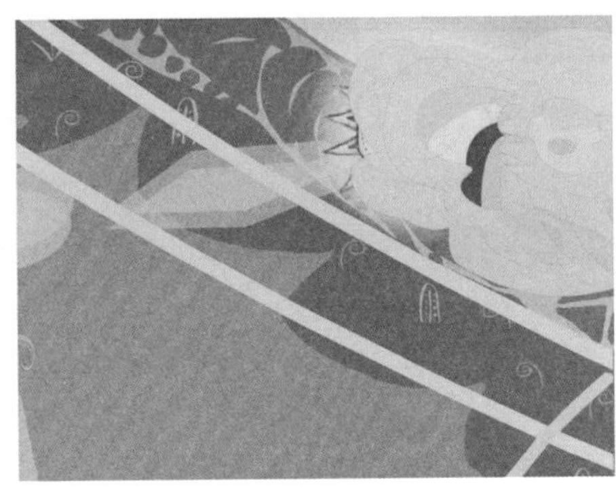

图 5-1-43

图 5-1-44、图 5-1-45 是动画片《再见大海》的两个镜头。前一个镜头通过斜线构图来区分大海和岛屿，拉开虚实对比的空间，形成强烈的反差，以表现岛屿的特点。后一个镜头同样是斜线构图，使画面拉开了虚与实的空间，所不同的是它利用仰视的角度，一边是密的花盆，另一边是空的遮阳篷，中间用了空白的对角线分开，十分透气。

图 5 - 1 - 44

图 5 - 1 - 45

图 5 - 1 - 46 是通过对角线的斜线构图表现伸出手拉住对方的特写镜头的概念图，画面显得特别有力度。动画片《花木兰》中也出现过类似的一个镜头。

图 5 - 1 - 46

细心的观众可以观察到在美国动画片《疯狂动物城》中火车进城行进中的一个画面，同样也采用了对角线构图的方式，利用火车当中轴线，有方向感和力量感。

如，图 5 - 1 - 47 是动画短片《天黑黑》的一个高潮的表演镜头，画面通过以房屋的横梁做对角线的斜线构图，让角色在争夺过程中，时而在对角线这一头，时而在对角线那一头，增加了喜剧效果。图 5 - 1 - 48 是动画短片《忧天》的男主角一边疯狂跑路一边看天的一个镜头，画面通过房屋的斜线构图，让角色在跑的过程中有眩晕的感觉。

图 5－1－47

图 5－1－48

斜线构图可根据需要设计斜线的位置，不一定就是对角线。

五、折线构图

（一）L 形构图

L 形构图是指在画面中的主场景呈现一定的 L 形线条。L 形折线方向变化丰富，易形成空间感（如图 5－1－49）。

图 5－1－49

如，图 5－1－50 利用树干和海平面形成 L 形，给帆船搭建一个表现空间，形成视觉亮点。主体物处在 L 形的包围之中，主体人物虽然小，但起了秤砣的作用，使得读者一看到这个构图就会被主体物所吸引，而且在力量上产生了四两拨千斤的效果。这种 L 形构图可以让画面中的场景有延伸感，很适合表现远景，让画面张力十足。

图 5－1－51 是利用建筑物的角形成的 L 形，空出空间表现广告牌。

图 5 - 1 - 50

图 5 - 1 - 51

L 形构图形式可以是正的 L 形，也可以是倒的 L 形（如图 5 - 1 - 52、图 5 - 1 - 53）。

图 5 - 1 - 52

图 5 - 1 - 53

使用 L 形构图的注意事项是，尽量保证画面中有一个主体物，不仅在视觉上感觉到均衡，而且可以增加画面的趣味性，增强视觉中心的主体地位。如图 5 - 1 - 54 是动画短片《鹊桥汇》的一个镜头，利用大树和地面产生 L 形构图，

留出空间给牛郎和织女表演的场所。

图 5－1－55 中的主体龙在 L 形的包围之中表演，较大的空间给了它充分的表演余地，使得观众一看到这个构图就会被主体物吸引。

图 5－1－54

图 5－1－55

图 5－1－56 出自动画短片《会飞的企鹅》，利用打开的书本形成 L 形的构图，在较大的空间里，使主体角色企鹅自然而然地出现在观众的视野中，观众一看到这个构图就会形成视觉中心。

图 5－1－57 是动画短片《再见大海》的一个中景设计，画面利用窗户和窗帘形成 L 形的构图，窗台的空间留给植物摆放，给角色猫咪跳离窗台增加了难度，观众一看到这个构图就会将视线停留在视觉中心的窗台，注意力也就集中在了窗台。

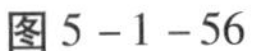

图 5－1－56

图 5－1－57

（二）Z形构图

Z形构图，顾名思义，是指在画面中的主场景呈现一定的Z形线条（如图5-1-58）。Z形折线方向变化丰富，通过Z字形形成多个空间感。

如，图5-1-59就是利用快艇、围堤、对岸产生的Z字，图5-1-60利用堤岸的造型形成的Z字，使白雪与黑色湖水产生对比；图5-1-61利用多重山坡形成自然的Z形，突出主体；图5-1-62是动画短片《浮冰》的一个场景设计，利用漂浮的冰块形成特定的Z形构图。

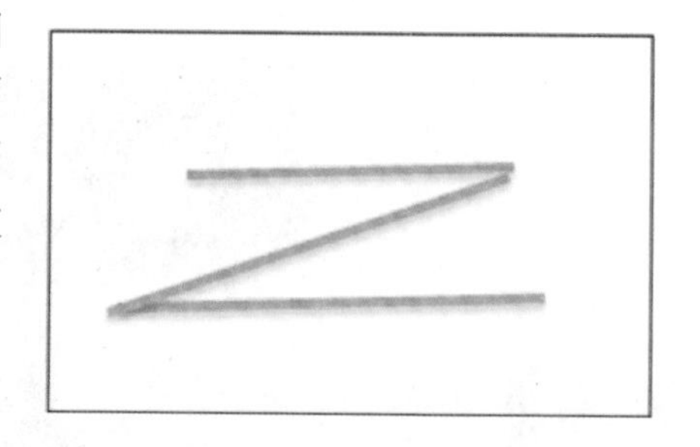

图5-1-58

图5-1-59

图5-1-60

图5-1-61

图5-1-62

课程作业

各设计一幅对称式构图和 L 形构图。

第二节　动画场景中的特殊构图方法

- 学习目的：了解动画场景设计的特殊构图方法，并熟练掌握。
- 学习重点：曲线 – S 形构图场景的设计主体表达。
- 学习难点：如何运用框式构图引导视觉导向。

一、曲线构图

曲线构图一般分为：C 形构图和 S 形构图。

（一）C 形构图

我们在设计 C 形构图时首先要考虑是否有可利用的建筑、环境或者道具让画面成为 C 形。C 形具有弹力，C 形构图紧张度强，体现规则美。如，图 5 – 2 – 1 利用了游轮排列的自然 C 形进行构图，图 5 – 2 – 1 则利用 C 形楼梯，让画面成为标准的 C 形构图。

图 5 – 2 – 1

图 5 – 2 – 2

如，图5-2-3是表达福建土楼的一个场景，所用的C形构图利用了建筑物本身的曲线，既表达了建筑物围屋的美感，又让画面具有张力。图5-2-4是动画短片《再见大海》里所用的C形构图，是利用猫脸部本身的曲线进行构图、产生C形而形成的。

图5-2-3

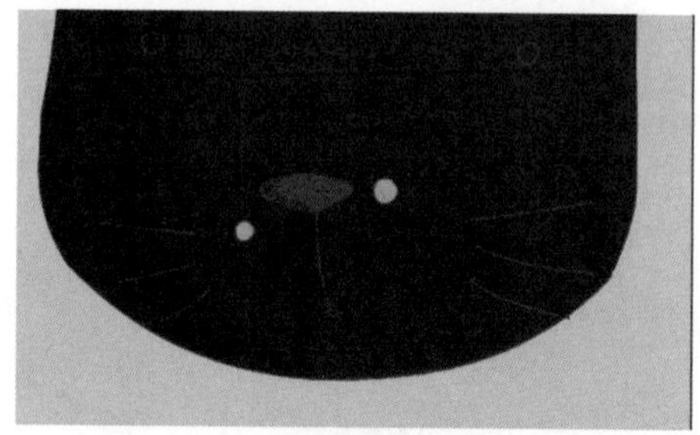

图5-2-4

图5-2-5是动画短片《猫岛鼓浪屿妖怪志》的C形构图画面，是利用岛屿本身的C形曲线完成的。

图5-2-6是动画短片《小丑》里的C形构图，是利用舞台本身的设计曲线进行构图，演员也排成C形队列。

图5-2-5

图5-2-6

（二）S形构图

S形构图具有韵律感、自由、潇洒、自如、随意的特点，画面延伸婉转、优美雅致，一般用来展现物体的悠长，在设计构图时同样可以考虑是否有可利用的建筑、环境或者道具。用心观察就会发现自然界有许许多多景物呈现出S形，如蜿蜒的小河、小路、盘山公路等，都可以成为S形的构成画面。

如图5-2-7利用屹立在自然山形中的中国长城蜿蜒曲折的S形构成画面，展现出长城的巍峨与雄壮的宏大场景，利用场景的曲线S形构图很符合长

城本身的气质。

图5－2－8是利用小河的S形构成画面，表现小河上日出的场景。S形的河流优美、连绵不断，预示河流走向长长远远，美好的日子也长长久久。我们在迪士尼公司看的宣传片头中可以看见类似的S形河流，迪士尼公司的发展犹如这条动感十足的S形小河奔腾向前。

图5－2－7

图5－2－8

如，图5－2－9利用楼梯自身的S形构成整个画面的主体部分，图5－2－10是利用梯田自身的S形，让层层叠叠的S形梯田占据整个画面的主体部分。

图5－2－9

图5－2－10

二、环形构图

环形构图可以算作曲线构图的一种，但是相比较而言，S 形构图和 C 形构图都是一种开放式构图，而环形构图是一种封闭式构图。在环形构图中，一般情况下没有绝对的单个主体物，而是多个主体物处于四周环形的位置或呈圆形围绕，产生强烈的整体感，常用于表现无须特别强调单个主体的场景，或是表现一个比较深邃的空间，以渲染气氛。

如，图 5-2-11 是动画短片《再见大海》里所用的环形构图，是表现鱼在猫的食道内部由里向外看到的口型，属于天然环形，可利用来构图。从该图中同样可以观察到鱼游出周边食管。图 5-2-12 是动画短片《那些年我们吃的胶囊》里所用的环形构图，利用食道天然环形，表现了神经与胶囊内部的化学分子进行斗争的场景。

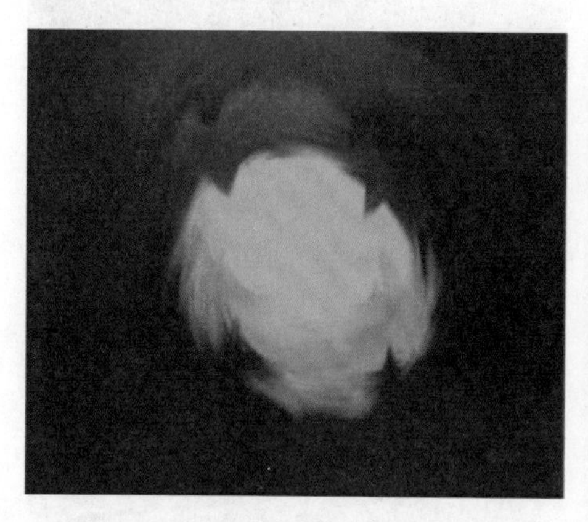

图 5-2-11

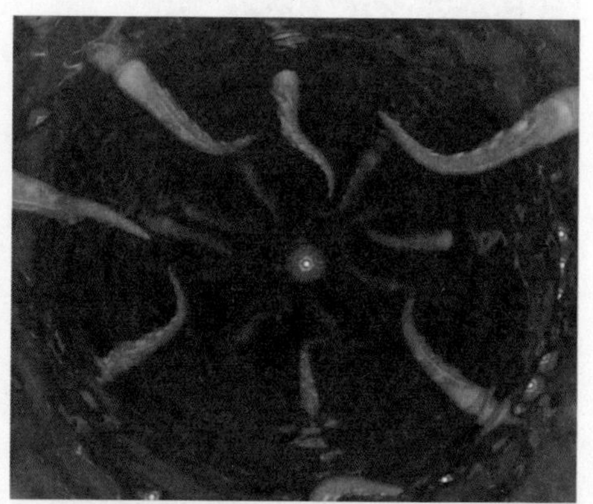

图 5-2-12

利用环形构图渲染场景气氛时，画面并没有一个绝对的主体物，只是让观众跟着光线寻找视觉中心，因为在环形构图中，往往会将主体物放到下一个镜头中出现，这是为了增强主体物的主体位置，一步步推动观众走进光源，去寻找故事。

从图 5-2-13 这幅作品可以观察到环形构图渲染场景气氛的功能。

图 5-2-13

三、三角形构图

三角形构图是大家最为熟悉的构图。三角形是稳定性的代名词，在动画场景中，利用三角形构图，同样可以展现安定、稳定、雄伟的事物特征。如果一个正三角形构图，又是一个相对对称的结构，整个画面给人的感觉就是稳定、持久（如图5－2－14）。

在三角形构图中，除了正立的三角形，还有其他不稳定的三角形，展现不同的画面特征。如图5－2－15利用了倾斜的三角形构图形式，带给人的稳定性不及正三角形。

图5－2－14

图5－2－15

如，图5－2－16是动画短片《小丑》的一个镜头，三角形构图形式由小女孩掀起的床单而产生，此时的三角形带给人的非稳定性，而是趣味性。图5－2－17是动画短片《再见大海》的一个镜头，三角形构图形式由鼓浪屿岛上的红房子堆砌而成，此时的三角形形成稳固的阵容。

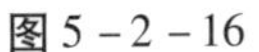

图5－2－16

图5－2－17

图 5 -2 -18 是动画短片《鹊桥汇》的一个片头，三角形构图形式由代表美丽、幸福的花朵和喜鹊组合而成的鹊桥构成，此时的三角形寓意着牛郎和织女走向幸福的顶端。

图 5 -2 -18

四、框式构图

框式构图多应用在前景中，即是在构图时利用门、窗、洞口、框架等可以产生“框”的物体作为前景来表现主题，让环境更具有层次感。这种构图形式通常让人们感觉是站在窗前或者门后观看影像，从而产生更强烈的现实空间感。

框式构图的首选方法往往是逆光的设计。如图 5 -2 -19 是《老人与海》的作者海明威故居的一个框式构图的镜头，利用窗户和午后的阳光，将窗外的景色揽入画面。框式构图也是一种让画面即刻增加神秘感的有效方法。

图 5 -2 -20 中利用了室内的玻璃门框，让晨光透过玻璃洒在眼前，既朦胧又温暖。

图 5 -2 -19

图 5 -2 -20

框式构图也是一种让画面产生深度的最佳途径。如，图 5 -2 -21 利用现有的木框作为取景框，将远处的海景置入其中，图 5 -2 -22 利用建筑的拱门作为前景，采用框式构图，将庭院一层一层地向后推进。

图 5－2－21

图 5－2－22

框式构图往往要利用现成的建筑物如墙角、窗户、门框或家具进行无声的设计。如，图 5－2－23 是利用埃菲尔铁塔的底座作为构图的框架，采用框式构图，将铁塔的高度一层一层地向上引申。图 5－2－24 同样利用底座作为构图的框架，采用框式构图。

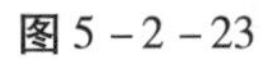

图 5－2－23

图 5－2－24

图 5－2－25 是以透过窗户的光的来源进行构图，很好地利用了逆光效果。图 5－2－26 则是利用拱门来表现一个徽派建筑的弄堂场景的框式构图画面。

图 5－2－25

图 5－2－26

如，图 5－2－27 是利用多扇玻璃窗户当构图的框，将人物置于其中一个小框之中，既特殊又合理。图 5－2－28 巧妙地将人物与中国园林建筑的典型拱门设计结合起来，此时观众的注意力全部都放在女子身上。

图 5－2－27

图 5－2－28

如，图 5－2－29 是动画片《大闹天宫》的一个场景概念图，利用山涧而产生的框式构图，刻意引导观众通过前景的框去观察后面的宫殿画面，视线追随孙悟空一起走向深处。逆光的效果，加上层层叠叠的远山，展现出一个框式构图的视觉中心。图 5－2－30 利用打开的船板的结构做框架，让船舱的人透过光线看见来者，是一个相当刺激的镜头表现。

图 5－2－29

图 5－2－30

图 5－2－31、图 5－2－32 是动画短片《天黑黑》两个场景设计，一个是利用屋檐的结构做框架来表现雨天，另一个是利用厨房里的桌椅脚做框架来表现画面。

图 5-2-31

图 5-2-32

还有一种框是人们十分熟悉——镜框，包括试衣镜、化妆镜、汽车的后视镜框等。如图 5-2-33、图 5-2-34 是动画短片《追捕》两个场景设计，都是利用汽车的后视镜做框架来表现镜头，体现警匪之间你追我赶的激烈画面，扣人心弦。

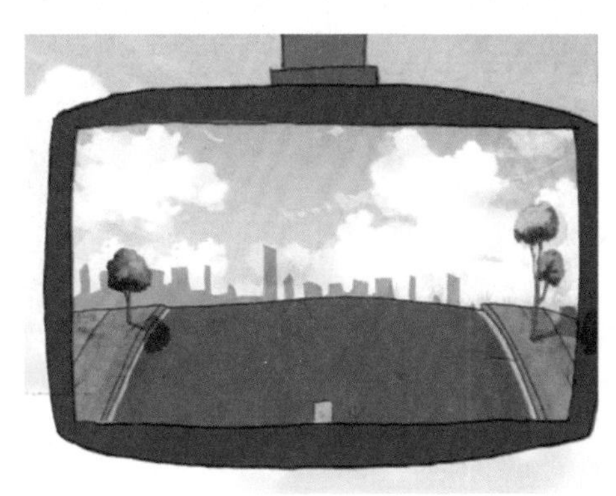

图 5-2-33

图 5-2-34

利用眼眶是又一种框式构图形式，在动画片中我们常常会欣赏到类似的框式构图画面。如图 5-2-35 是动画短片 *Change* 中的画面，它利用眼眶来表示一种情趣，要比用平常叙述的方式生动许多。

最后要介绍的“框”是自行设计的“框”。如图 5-2-36 是动画短片 *Change* 设计的圆框，作为构图的形式。当没有可利用的现成的“框”时，我们可以因构图的需要而专门设计一个“框”。

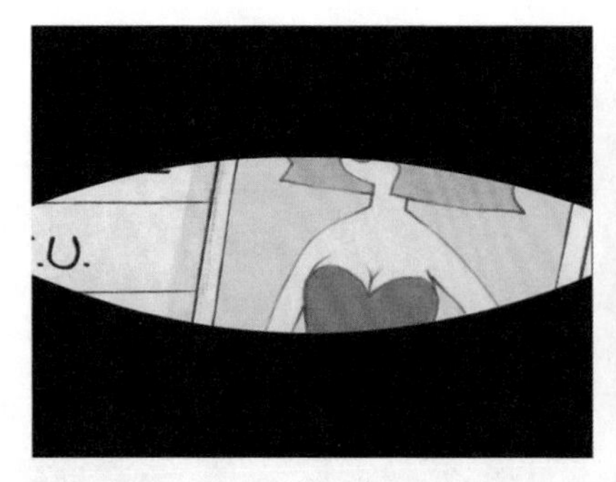

图 5－2－35

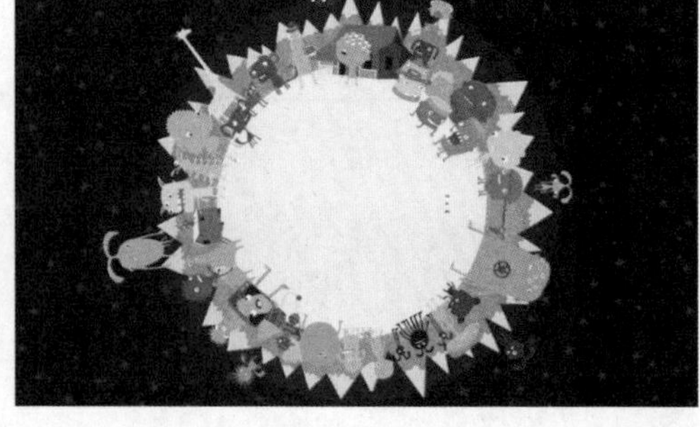

图 5－2－36

如，图 5－2－37 是动画短片《鹊桥汇》的片头设计，利用了中国传统的窗花形成标准的框来突出主体。图 5－2－38 是动画短片《鹊桥汇》的一个镜头，这种框式构图形式，是利用山形当框，它留有空白，给剪纸人物留出表演的舞台。

图 5－2－37

图 5－2－38

五、黄金分割式构图

黄金分割比是设计中应用较多的一种比例。把一条线段分割为两部分，较短部分与较长部分长度之比等于较长部分与整体长度之比，其比值是一个无理数，取其前三位数字的近似值 0.618，这个值就是黄金分割比例值。黄金比是法国建筑家柯尔毕塞根据人体结构的比例与数学原理编制出来的，最先被用在数学的比例关系上，后来发现符合黄金分割比例的事物都很美观，就被越来越多地运用于各个领域，如日常生活中的明信片、纸币、邮票和一些国家的国旗都采用这种比例。

黄金分割比的图示分为两种，一种是黄金陀螺线。黄金螺旋也是按这个比值，被称为“斐波那契螺旋”（如图5－2－39）。

如，图5－2－40、图5－2－41的构图形式均利用了黄金陀螺线的形式，将主体部分巧妙地安排在分割线的部位，这样看起来画面杂而不乱，符合视觉审美的规律。图5－2－42是动画片短片《忧天》的镜头设计，画面利用了螺旋楼梯作为黄金螺旋，将人物放置在视觉中心。

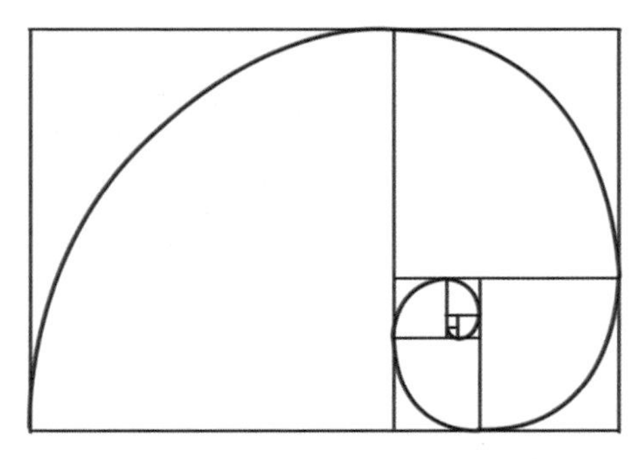

图5－2－39

图5－2－40

图5－2－41

图5－2－42

另一种中国古代就使用的九宫格，也被发现完全符合黄金分割的比例，并且便于观察，也常常被使用。在绘制九宫格辅助线的时候，需要注意的事项是，水平和垂直均分成三等份，四条线的交点就是黄金分割点。在构图的时候，尽量让主体物保持在四个黄金分割点左右，但不必百分之百符合要求（如图5－2－43）。

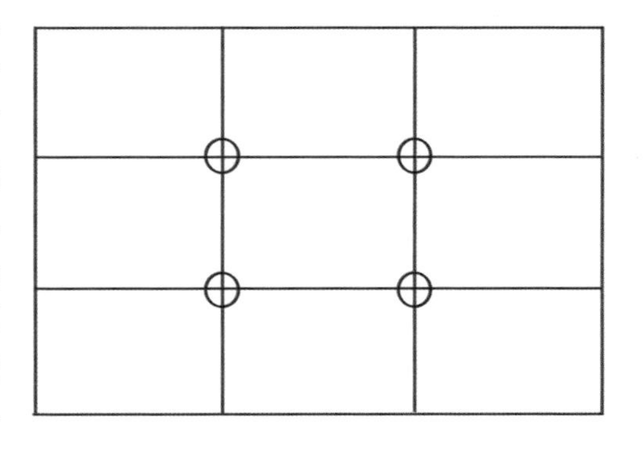

图5－2－43

当画面中只有一个主要的视觉中心时，可以使用黄金分割点构图。如，图5－2－44中，信号灯爆炸在黄金分割点上，图5－2－45的主体花和花瓣都设计在黄金分割点。当画面有一个绝对主体的时候，构图把主体物放在某一个黄金分割点上，可以让画面的美感和视觉的舒适感得到提升，使得视觉中心的位置更加协调。这种经典的构图方式被广泛运用在各种作品当中，场景中也都大量使用。

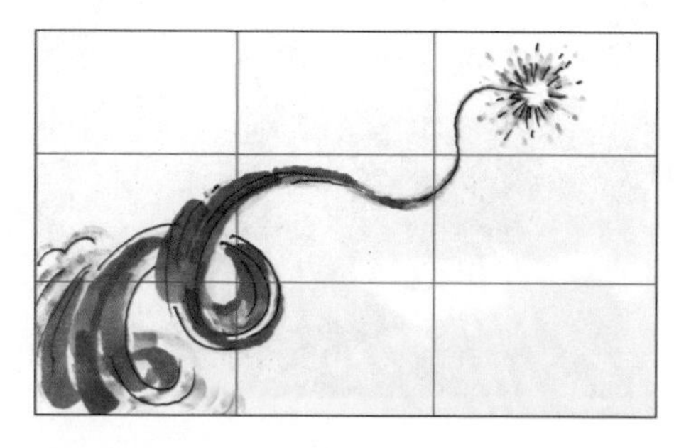

图5－2－44

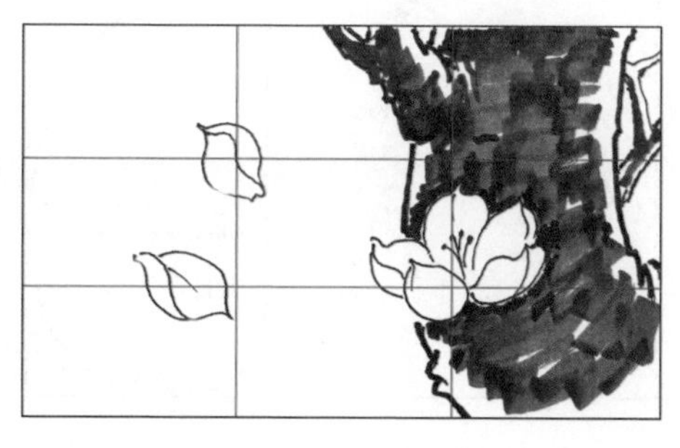

图5－2－45

所谓的黄金分割或者九宫格的构图方式，也常常被应用于用散点表现物体但不知怎么安排构图的情况下。当画面中有一个主要视觉中心和一个次要视觉中心时，同样可以使用黄金分割点去构图（如图5－2－46，来自动画片《再见大海》）。

图5－2－46

图5－2－47

黄金分割或九宫格的构图方式直接被用于主体带有格子的画面。当画面有一个主要视觉中心时，自然就能体现黄金分割构图的美妙之处。

在图5－2－47中，我们在看到九宫格构图的同时，也看到了简约的力量。“少即是多”的思想，用于画面的处理中，独具魅力。创建一个简单的构图，专注于一个特定的细节的描写，也是放大主体的一种手法。

小　结

本章讲述了场景中经常出现的10种构图方式。当然，构图方式不只是这10种，但大多是从这10种演变而来的。合理并熟练地运用不同的构图方式，配合不同的场景，渲染不同的画面气氛，可以使同学们在进行场景设计时更加得心应手，制作出自己想要的动画效果和动画镜头。

课程作业

各设计一幅C形构图、S形构图与框式构图的动画场景。

第六章　动画场景的色彩设计

第一节　色彩的基本知识

- 学习目的：了解动画场景设计的色彩的基本知识。
- 学习重点：色彩的明度、色相、纯度对比在场景中的设计主体表达。
- 学习难点：在场景的设计主体表达中如何运用纯度对比。

一、自然色彩

色彩，这是一个为大家所熟悉而又陌生的词语。自然界到处都充满了色彩，自然界的规律构成也是色彩变化的规律构成。从春夏秋冬四季的转换到每天的日出日落；从天空海洋到森林大地，热带、亚热带、温带、寒带、南北极、涨落潮、冰雪、雷电、细雨、狂风、艳阳、晴空等，由于层现迭出的色彩变幻，强烈地吸引着人们。如血的残阳、蔚蓝的天空、金灿灿的沙滩、浓绿的江河湖海、白皑皑的雪山、万紫千红的山花……这些自然现象变化也是色彩色相、明度、纯度对比变化所体现出来的，都属于自然色彩。如图 6－1－1 表现的是自然界春夏秋冬的色彩。

图 6－1－1

自然的色彩存在于宇宙既定的法则中，植物的色彩，根、茎、叶、花、果等都不尽相同。比如，萝卜有红、白两色；叶子的色彩最明显的是受四季气候的影响，秋天的枫叶红银杏黄都令人印象深刻。动物、植物、矿物都有不同的自然色彩，给人类带来启迪。如图 6－1－2 中自然界各种鸟类，羽毛色彩十分靓丽。

图 6-1-2

自然界一些动物皮毛的色彩和自然环境色彩类似，如蛇、豹、青蛙等，以至于不容易被发现和猎获，起到了生态的自我保护作用。从动物的皮毛色彩可以辨别动物的种类。当然，自然界最重要的人类，也包括黑、白、黄、棕、红等五种主要肤色的人种（如图 6-1-3）。

图 6-1-3

矿物的色彩变化更多。金属色光艳夺目，有人们熟悉的金、银、铜、铁、锡，矿物中还有更令人心仪的玛瑙、翡翠、琥珀、水晶等，其色彩晶亮明澈，光艳四射，是现代饰品中耀眼的质料。矿石经过打磨显现出更耀眼的色彩，是人们赏玩、艺术创作的珍贵材料（如图6－1－4）。

图6－1－4

任何领域几乎都涉及色彩的知识。在动画中同样如此，从前期的人物设定、场景设定，再到后期的画面调色，都和色彩息息相关。一幅优秀的场景在色彩上必定是经过深思熟虑后的独特设计。动画片中所有出现的场景，在色彩上都要遵循基本的色彩规律。

自然中的诸事万物都离不开色彩，人类生活中的一切更与色彩有着千丝万缕的联系。优美的色彩使得形象更生动，能使人赏心悦目，剧院、影院、酒吧、舞厅、医院、疗养院、家庭等之所以让人们得到娱乐和休息，色彩的变化在其中不无作用。

二、色彩的种类

从生活现象来分，色彩的种类可分为以下类别。

（一）食品色彩

植物果实色彩千变万化（如图6－1－5）。

图6－1－5

（二）衣着色彩

衣着色彩是日常生活中十分受人重视的课题，身处社会，服装的色彩更是尽现于生活之中，不可或缺。人类发明衣服不只是为了御寒，也逐渐成为装饰，甚至变成身份的象征，并深具社会文化的特色，服装设计和研究已经成为一门独立的学问（如图6－1－6）。

图6－1－6

（三）居住环境色彩

希腊和罗马建筑中的圆柱，拱顶搭配大理石的灰白色泽，体现出庄严和威武；欧洲的洛可可、巴洛克式建筑式样，反映了16、17世纪艺术发展的阶段性风格；日本、韩国、泰国、越南等国的建筑色彩受到中国历史文化的深远影响。世界上每一种建筑物都因国家、地域、人种及生活习惯不同而产生了形式与色彩的差异以及风格的区别，如希腊圣托里尼岛沿岸白色的立方形民居（如图6－1－7），中国闽南红厝传统的四合院建筑红砖白石墙体、硬山式屋顶和双翘燕尾脊（如图6-1-8）。根据闽南童谣改编的动画短片《西北雨》，其场景设计就是以闽南红厝为创作设计的依据的（如图6-1-9）。

图6-1-7

图6-1-8

图6-1-9

皖南的民居建筑风格就截然不同，粉墙青瓦、错落有致的马头墙是中国徽派建筑艺术的典型代表（如图6-1-10、图6-1-11）。动画短片《童年》表现的就是皖南儿童生活的故事，因此，动画片的场景都是以皖南的民居建筑为依据进行整体设计的，为动画片增加了真实性。这方面例证丰富，不胜枚举。

图6－1－10

图6－1－11

（四）民族文化色彩

传统民族的风俗表现于生活上的色彩差异最为明显，地域、宗教信仰、习惯上的差异，使各地人民的色彩使用习惯不尽相同，加上各民族的祭拜图腾、装饰彩绘象征纹样的差异，其色彩的搭配就更加呈现霄壤之别。如，中国人的吉祥色是红色（如图6－1－12）、金黄色；韩国的吉祥色是粉红色（如图6－1－13）、青色、绿色、黄色；日本人的吉祥色是黑色、白色、橙色、草绿色；英国皇家的色彩是大红加金色，因此可以理解为不同传统习惯产生不同民族的色彩使用习惯。

图6－1－12

图6－1－13

成为专业的色彩应用人员，并不是每个人都能做得到的。而就专业而言，则必须懂得精深的色彩学，且能将其应用于本身的工作中。有两种人可以达到此境界，一种是艺术家，一种是设计家。

人们利用颜料、油墨、染料、感光材料，运用绘画、印刷、摄影等不同手段，再现了色彩的世界，既有对自然界和社会生活的真实写照，又有对自然界和社会生活的夸张、概括。色彩的再现功能是人类文化继承、传播、发展的重要组成部分，创作美术作品以及设计实用作品，都必须实实在在地应用色彩来成就作品的优秀和伟大。

普通大众接触色彩的机会较多，而精深研究色彩学的专业人数则很少。身为专业的设计者，学习色彩是设计、美化作品的基础，因此，广而言之，他们是以“创造一个多彩的世界”为职志的。

三、色彩的来源——光

光在物理学上是一种客观存在的物质，它属于电磁波的一部分，随着科学技术的高度发展，色彩的视域已扩大到宏观宇宙中的微观原子世界，那个世界色彩丰富多彩，妙趣横生，无论是色彩对比、明暗层次、面积大小、位置高低都和谐统一，令人惊叹，它包括宇宙射线、射线、X射线、紫外线，通称不可见光，人的眼睛是看不见的，而波长在380～400（nm）——700～780（nm）之间的电磁波是人无须通过仪器而用肉眼可以看见的，称可见光。短于380nm波长的光称紫外线，长于780nm波长的光称红外线（如图6－1－14）。

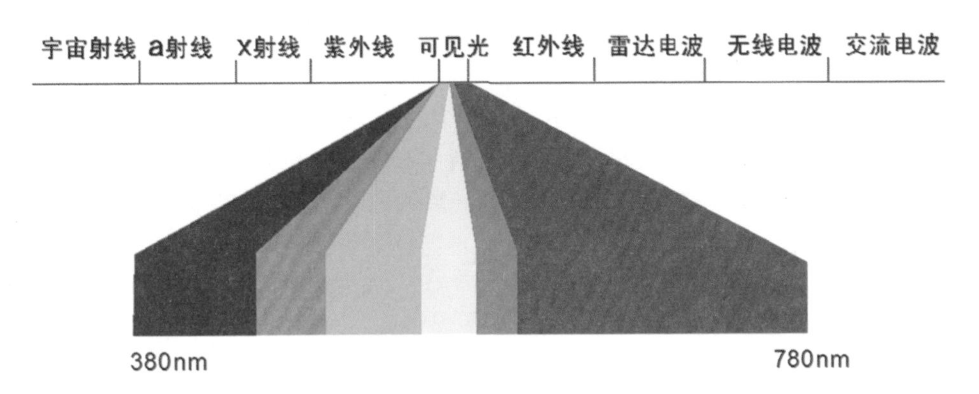

图6－1－14

彩虹产生的原理是这样的：当阳光照射在空气中的众多小水滴上时，光线色彩会像透过三棱镜一样按不同的波长被分离开来，各种色彩也以不同角度折射出去（如图6－1－15）。

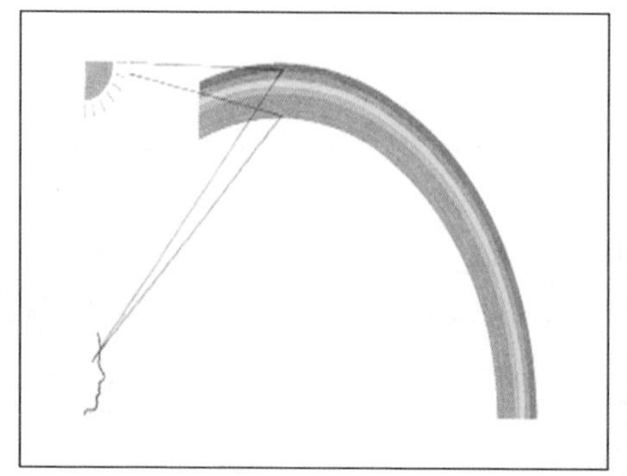

图 6－1－15

可见，光通常指太阳的白光。17 世纪英国物理学家牛顿把太阳光引进暗室，通过三棱镜投射到白色的屏幕上，便分解成红、橙、黄、绿、蓝、紫六种色光，之后光就不能再分解了，而它们通过聚光镜又聚合成为白光，这些叫单色光，可见光是由这些光组成的，除此之外还有人造光。

光辐射的传递方式是发光体分子急速振动，振动是波浪式的，高处称为峰，低处称为谷，两峰与两谷之间称为波长，峰与谷之间称为振幅。波长的长短决定了色光的面貌、色相变化，振幅强弱决定了色光的明度。太阳光大体等比例的色含有红、橙、黄、绿、蓝、紫六种色光，因此感觉不到它的颜色，人所见到的是白色，可以叫白光。

各种光是因其波长的折射率不同而产生的，折射率小，波长就长（780～700nm），可见光中，红色波长最长，折射率最小，所以最先映入眼帘，为前进色，红色光之外为红外线。可见光中，紫色波长最短（380～400nm），折射率最大，为后退色，紫色光之外为紫外线（如图 6－1－16）。现代科技证明，红色光导热、导电都比蓝色光强。了解可见光的物理性质对下面的学习是有很大帮助的。

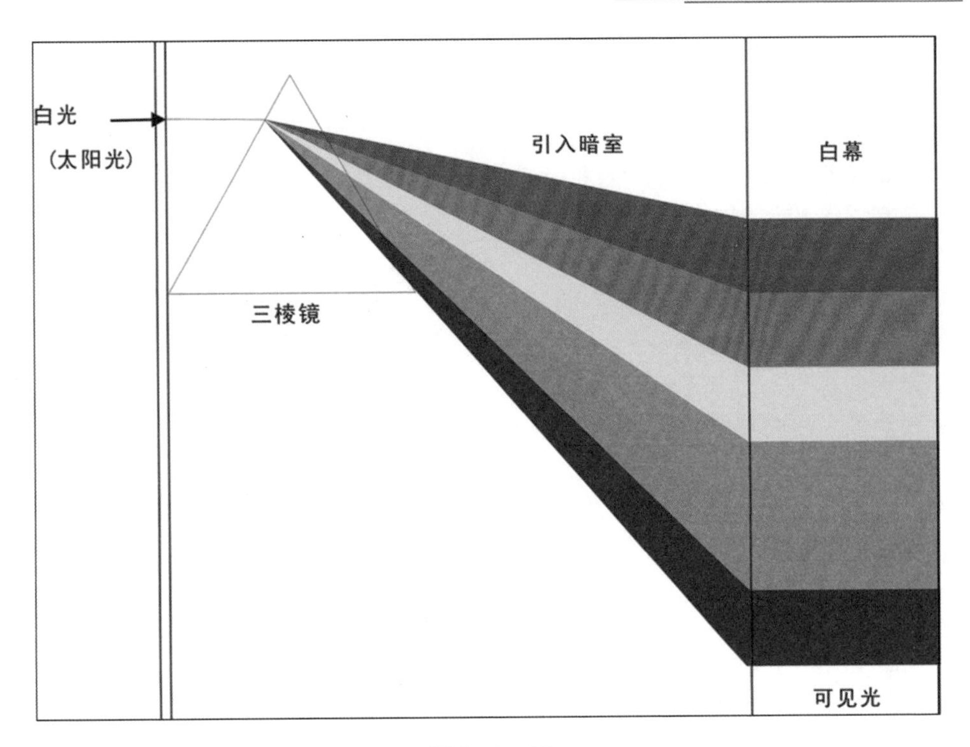

图 6－1－16

（一）光源色

由自行发光的物体所产生的光，就称为光源；光源色是指不同发光体所提供的自身色彩。

光源色分为两个类别，一类是自然光，包括太阳光、月光、闪电、流星以及物体碰撞产生的火花；另一类是人造光，包括灯光、显示器、火焰光、烛光、水银灯、霓虹灯等人工光源发出来的色光。太阳光呈现白色的混色光；日光灯的光有点偏青绿色；火焰光、蜡烛光偏红橙色；霓虹灯则依其本身的颜色变化，将光投射出来刺激人体的视网膜以产生色感。因此，本身会发光的色彩被称为光源色（如图 6－1－17）。

图 6－1－17

（二）固有色

习惯上把白色阳光下物体呈现出来的色彩效果总和称为固有色，严格地说，固有色是指物体固有的属性在常态光源下呈现出来的色彩。如果物体本身是不透明物质，在接受光线的照射后，吸收部分光线的色彩，反射其余下光线的色彩，而我们眼睛和大脑所感受到的光线的色彩就是反射色。例如，香蕉的表皮只反射黄色的光线而吸收其他的色光，因此产生黄色的感觉；红辣椒表皮只反射红色的光线而吸收其他的色光，因此产生红色的感觉，这种反射色彩现象被称为反射物体的固有色。如图 6－1－18 是固有色的果蔬。

图 6－1－18

（三）色彩与光线的变化

图 6－1－19 中展示的分别是：①在白色的光线下；②在强烈的绿光下；③在深蓝的光线下；④在黄色的光线下；⑤在红色的光线下。

图 6－1－19

上述原理我们可以用许多实际范例来加以说明。物体的颜色会依光线的不同而产生变化，而且某种呈现出来的颜色并非只是单纯的单色反射光，而是混合了数种单色光而形成的复合光。物体的外表颜色因为光源的不同，会呈现不同的色彩反射现象，这种现象在我们生活的周围随处可见，尤其是舞台、橱窗、隧道、霓虹灯下的街头，水银灯下拍摄电影以及光艺术展览会场，等等，都是利用各种不同色彩效应的光线来营造目标物的色彩气氛以及效果，产生预期目的。

四、色彩的三大属性

明度、色相、纯度也称为色彩的三大属性，当明度发生改变的时候，色彩的纯度会改变，色彩的色相也随之发生改变。三者之间的关系是，改变其中一个，其他两个也随之改变（如图 6－1－20）

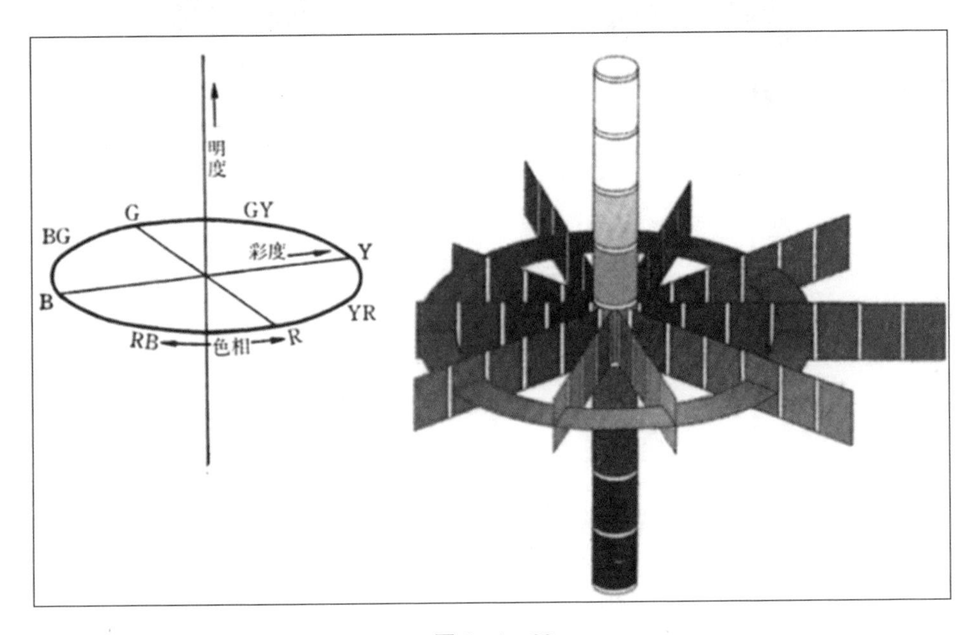

图 6－1－20

三者之中以色相为主要方面，但为方便上课和训练，从明度开始讲起，就好比写生课中从素描一样。

（一）明度

简单地说，明度就是特定色彩的明暗程度，科学的解释则是光的振幅。

无论发光物或反光物，都有一个光的强度，称为振幅。光越强，光波振幅越宽，则明度越高。如图 6－1－21、图 6－1－22 是彩色水果的黑白照片所呈现的色彩明度对比。

图 6－1－21

图 6－1－22

由于色彩是一种视感觉，因此视觉上的明度实际上是眼睛对光的知觉度，它和振幅是一致的，射到视网膜上的可见光谱的顺序为红、橙、黄、绿、蓝、紫。红色光波最长，紫色光波最短，黄、绿居中，因此，黄、绿知觉度高，明度也就高，红、紫二色位于两端，知觉度低，色彩明度则最低。橙、蓝位于红、黄与绿、紫之间，明度居中。由于光的波长、位置制约了人的视力，就形成了黄色明度最高、紫色明度最低的视觉印象，光谱中的明度序列我们应该记住，它们是黄、绿、橙、红、蓝、紫。

明度可以理解为亮度或者白度，其本质上是一种素描关系。对一张彩色的场景进行去色处理，只有黑白，那么画面上显示出来的关系就是明度关系。

明度从黑到白可以分为 10 个级别或者 20 个级别（如图 6－1－23）。

图 6－1－23

明度从黑到白还可以根据其亮与暗分为 3 个明度基调（如图 6－1－24）。

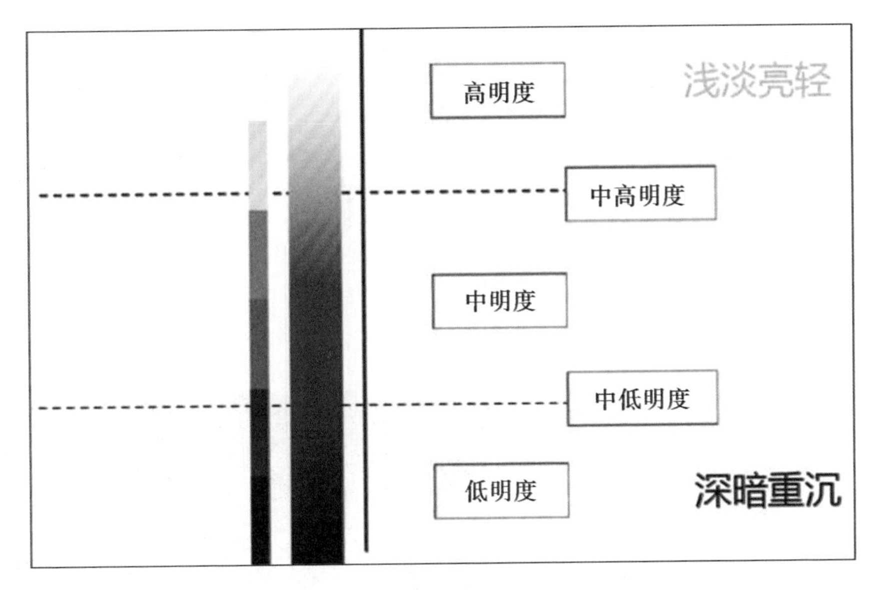

图 6－1－24

图 6－1－25 是原本色环去色之后剩下的黑白的明度对比。

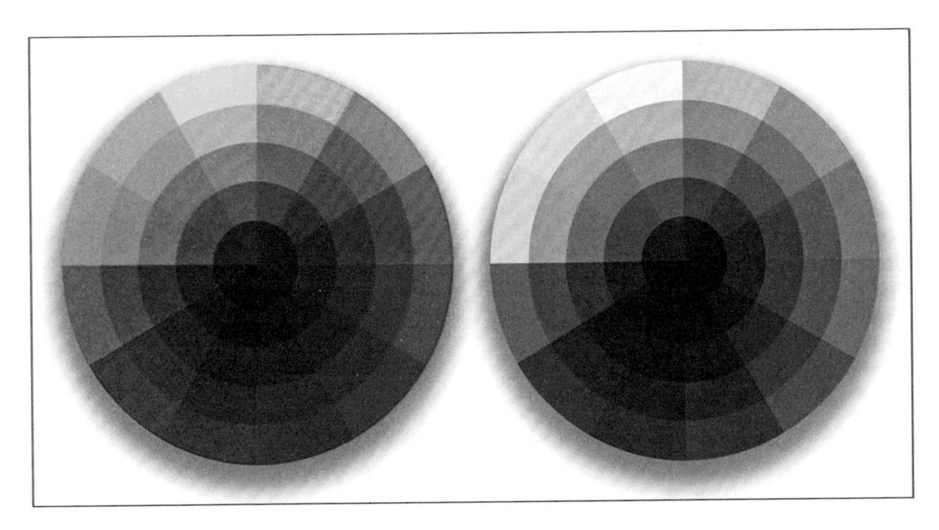

图 6－1－25

白色的反射率最高，能全部反射各种波长的光，因此明度最高，排在黄色之前，黑色则相反，反射率最低，吸收了各种波长的光，因此明度排在紫色之后。黑、白二色则成了我们衡量明度的指标，白为明度的极限，黑为暗度的极限。目前已知明度最高的是激光。

在色彩三要素中，绝对是明度最敏感，比如在黑暗中或在十分微弱的光线下，人们分辨不清色彩的色相和纯度，而对色彩的明度依稀可辨。如刚进入电影院，我们就是靠色彩明度的对比和分解才认出座位。在绘画和艺术设计中，首先要注意各种色彩的明度关系，即注意黑、白、灰整体的大效果，这是最有表现力的，所谓远看效果近看花，这一效果能否吸引人，关键取决于色彩的各种明度关系。如，图6－1－26是高明度色彩的场景设计，图6－1－27是低明度色彩的场景设计，因此，色彩明度的训练，既是色彩训练的基础，又是高度的技巧。

图6－1－26

图6－1－27

（二）色相

色相是色彩最本质的属性，从概念上说，色相就是特定色彩的相貌，科学地说则指一定波长的色光的面貌（如图6－1－28），或者是色彩的名称，即一种颜色区别于另一种颜色而被指定的名字。

700 nm　大红色
620 nm　橙色
580 nm　柠檬黄色
520 nm　中绿色
440 nm　蓝色
400 nm　紫色

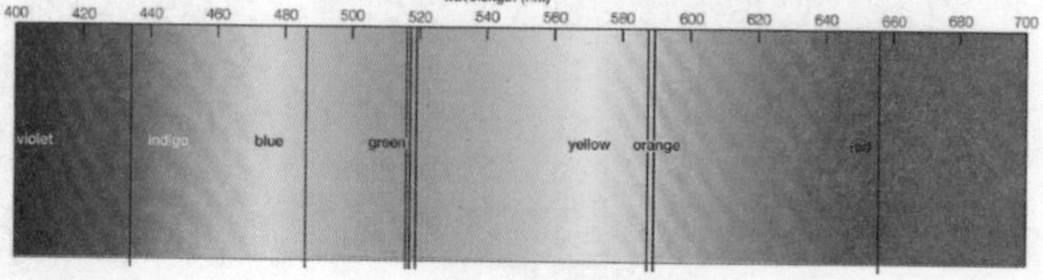

图6－1－28

明度、纯度也是一种相貌，故色相专指光的相貌，即光谱上的红、橙、黄、绿、蓝、紫。

在光谱中，色相的位置循环变化，这种360°环状的色相配列叫色相环（如图6－1－25），它们都是由最高纯度的色相组成的。色相环上所构成的色相系列具有鲜明、强烈和秩序的美感，包含红、黄、蓝三原色及橙、绿、紫三间色的全色相环序列，对比强烈、鲜明、注目，这种色相系列由六色可以发展为十二色、二十四色、四十八色、九十六色……序列，秩序美感强烈。在色相环上任取一段，即构成局部色相序列。如黄—绿的色相推移构成色相序列，在设计中应用此种方法极多，效果既鲜明又雅致（如图 6 - 1 - 29）。

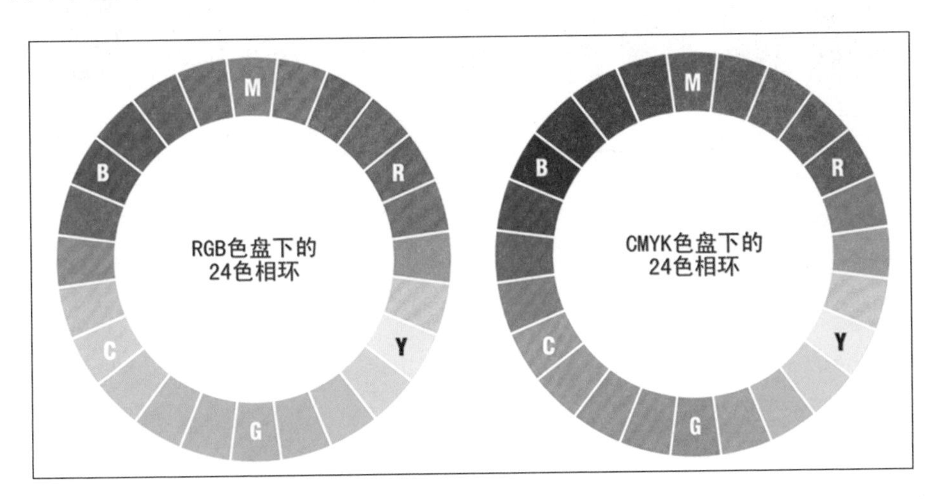

图 6 - 1 - 29

色彩美主要是通过色相体现的，在一切色彩效能中，明度最吸引人，但色相感染力最大。人们登高极目远眺，常常会对眼前的景色发出无限的赞叹。如层出不穷、连绵不断的绿色山林，辽阔无际的蔚蓝色天空和大海，如血的落日，鳞次栉比的高楼大厦，无不是以色彩的力量来感染人的。再如，救火器的红色使人警醒，疗养院的浅灰色又使人得到充分的休息；如果颠倒过来，就可能闯祸。这些就是色彩的力量，而色彩的力量主要取决于色相。

（三）纯度

纯度是指可见光辐射波长的单一程度，也可以指色相感的明确度及鲜艳度。因此，纯度还有彩度、饱和度、浓度、艳度之称。

在射至视网膜上的可见光束中，如果只含有两种基本色光，色相感一般鲜明，其纯度较高。如果含有三种基本色光，且比例极为接近，则色相感消失，纯度为零（如图 6 - 1 - 30）。

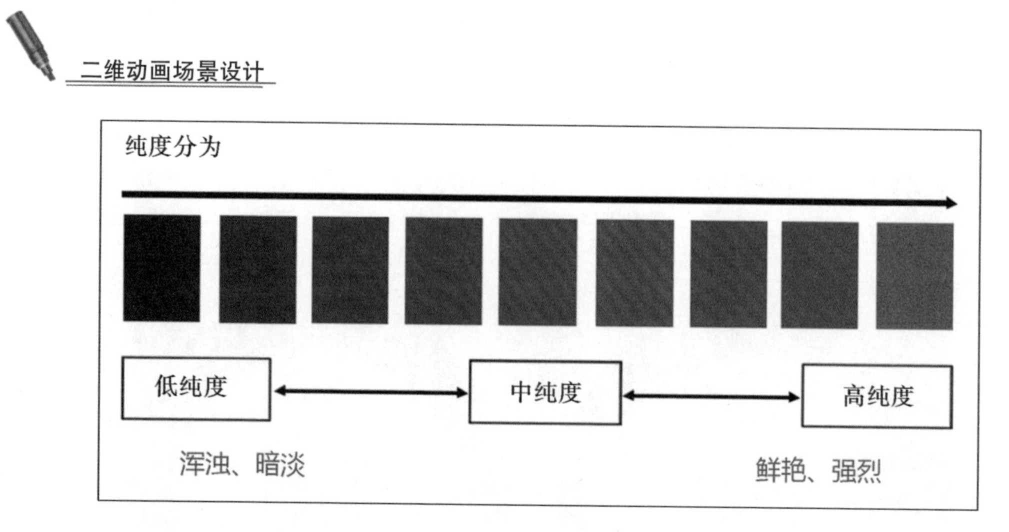

图 6－1－30

纯度只能是一定色相感的纯度，与同色相比具有不同的纯度，尽管色相相同，甚至明度也相同，其纯度仍会有不同。如红色有红味强烈鲜明和红味薄弱迟钝的现象，这种现象实为色彩鲜灰度的变化。

纯度是以含灰量的高低作为变化指标的，含灰量高的纯度低，含灰量低的纯度高（如图 6－1－31）。

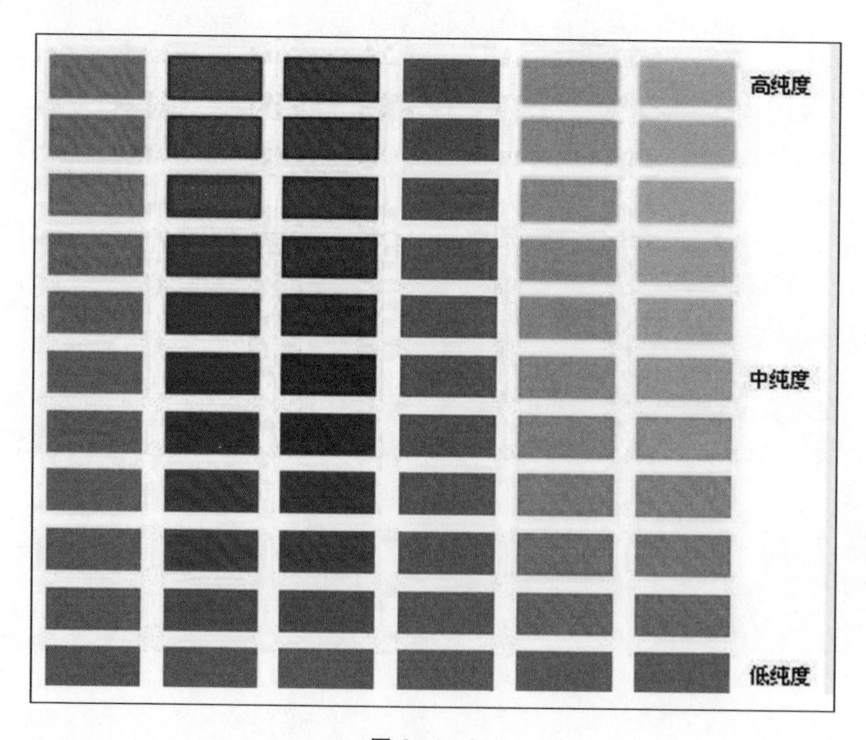

图 6－1－31

图6－1－32为高纯度到低纯度的色彩变化。

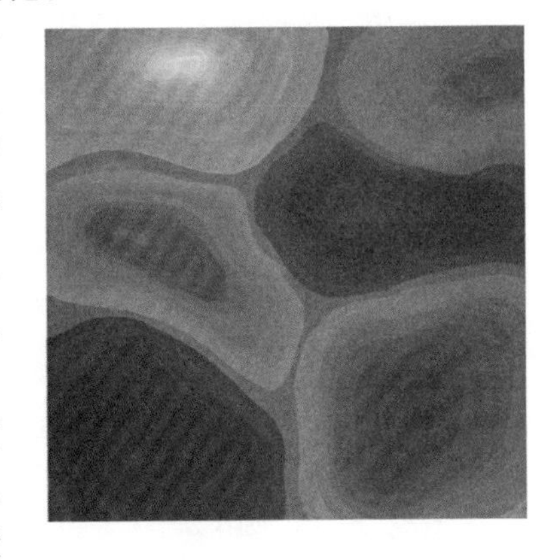

图6－1－32

黑、白、灰称非彩色，又称全色，因为它们身上等量地含有红、橙、黄、绿、蓝、紫，看不出色彩的倾向，其纯度为零。从物理学角度看，黑、白、灰不包括在可见光谱中，故不能称为色彩。无彩色指除了彩色以外的其他颜色，常见的有金、银、黑、白、灰。

高纯度色彩（色料）加白或加黑，明度变化了，引起纯度上的变化，所混进的黑、白、灰的量越多，其纯度就越低。明度接近黑、白、灰的色彩，其纯度必定很低。一种高纯度的色彩与其补色相混合，其比例相等时，所调出的色彩纯度最低。同理，其比例不断变换时，纯度也会随着提高或降低。

在纯度的学习中，还要清楚三原色的概念。三原色，顾名思义，三种原始色彩，即红、黄、蓝。在没有电脑绘制工具的年代，早期的艺术家在绘制彩色作品的时候，用色彩颜料去绘制。而早期的色彩只有红、黄、蓝三种颜色，这三种颜色加上黑、白，互相调和，可以调和出十八色、二十四色、三十六色甚至更多，红、黄、蓝三种本源的颜色是无法用其他颜色调和出来的（如图6－1－33、图6－1－34）。

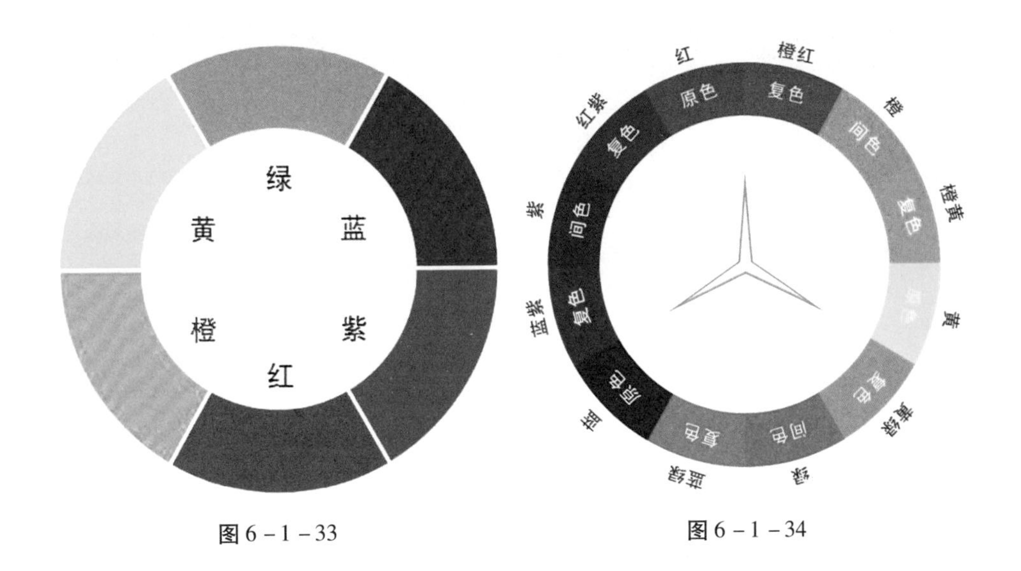

图6－1－33　　图6－1－34

从最简单的色环可以看出，红、黄、蓝三原色依然成三角形结构，而在红、黄、蓝三原色之间所形成的绿色、橙色、紫色如图 6－1－35、图 6－1－36 所示。

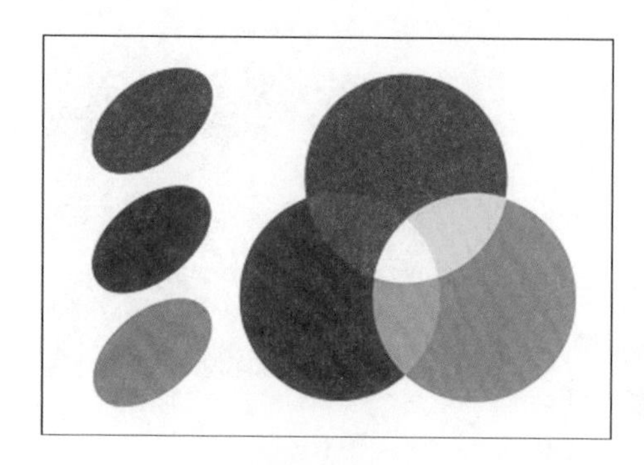

三原色光混合

图 6－1－35

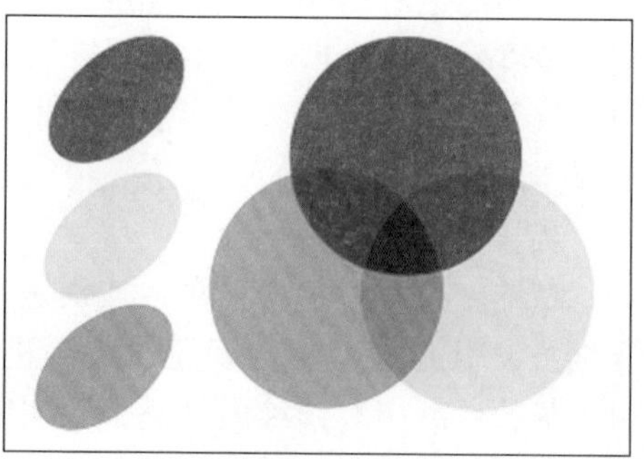

三原色料混合

图 6－1－36

图 6－1－37、图 6－1－38 分别是三原色两两调和而形成的复合色的设计作品练习。

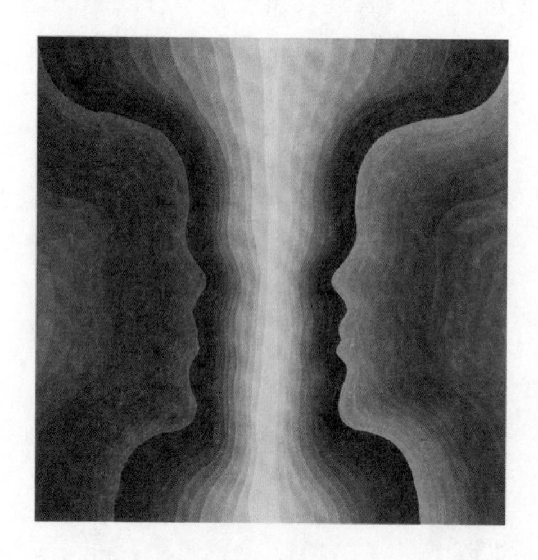

图 6－1－37

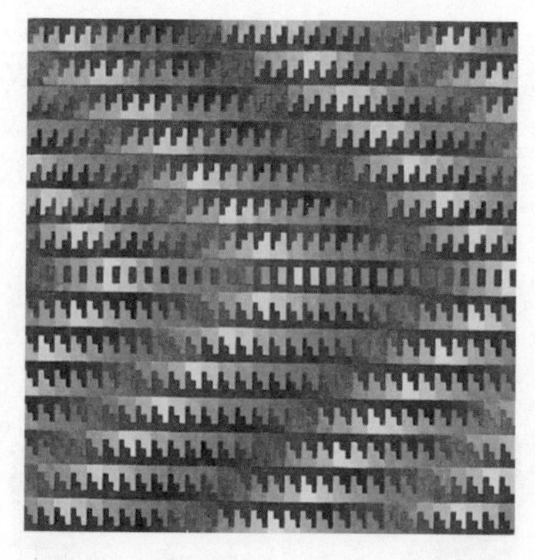

图 6－1－38

课程作业

各设计一幅色彩的明度、色相、纯度对比的动画场景。

第二节 色彩组合的基本方法

- 学习目的：了解场景设计的色彩对比作用。
- 学习重点：互补色对比在场景设计中的运用。
- 学习难点：如何在场景设计中运用互补色对比表达主体。

在色彩组合这一环节，我们又可以细分为色彩的对比和色彩的调和规律，即色彩的明度色相和纯度上的组合应用技巧。

色彩的对比是多种色彩之间存在的矛盾，是各种色彩的色相、明度、纯度、面积、形状、位置之间差别所形成的关系，差别越大，对比效果越强，差别越小，对比效果就越缓和。对比是无时不在的，色彩诱人的魅力常常是色彩对比的妙用。

所谓对，就是数量上成双成对或成对以上，方向感上相互对立。

所谓比，就是相互紧挨、比邻、比较的意思。

一对或一对以上的有差别的色彩放在一起所形成的互相比较、衬托、影响的色彩关系，就称为色彩对比。简言之，色彩对比即指有差别的色彩所形成的相互关系。

一、明度对比

色彩因明度差别所形成的对比关系称明度对比，明度对比也称色彩的黑白对比。

色彩的空间与层次关系主要依靠色彩的明度对比来表现。只有色相差别而无明度差别的画面，形象的轮廓难以辨认，只有纯度差别而无明度差别的画面，形象的轮廓则更难辨认了。

图 6－2－1 因为明度对比的关系，白底上的灰色看起来较黑底上的灰色暗，其实是相同的灰色。

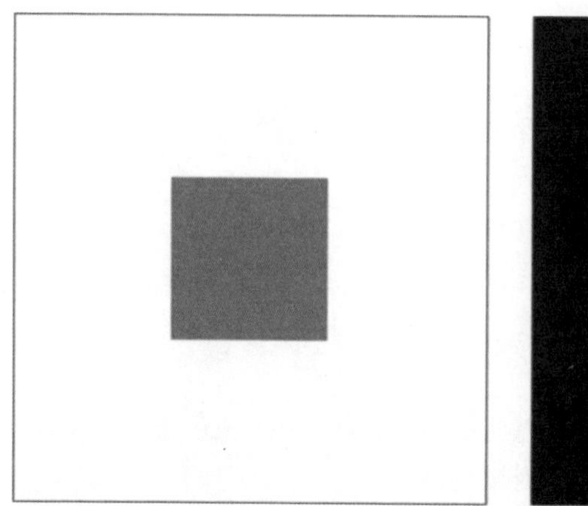

图 6 - 2 - 1

图 6 - 2 - 2 黑底上的绿色看起来比灰底上的浅，其实是相同的绿色。

图 6 - 2 - 2

明度关系实质上是素描的黑白关系，在拾色器上可以直观地看到（如图 6 - 2 - 3）。从右下角到左上角，就是明度的变化，由暗到亮。我们可以拿一种颜色去做一个明度渐变表格，一般情况下分为 10 个明度阶梯（如图 6 - 2 - 4）。

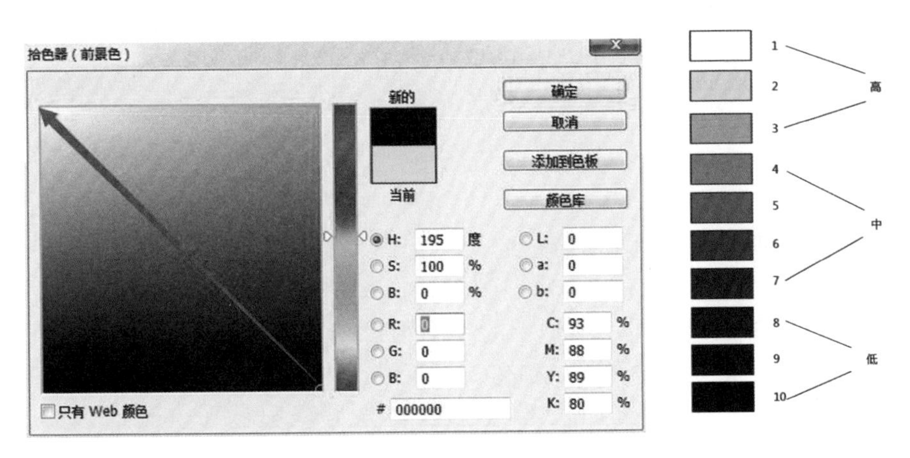

图6－2－3　　　　　　图6－2－4

在10个明度阶梯上，从上到下，从最亮到最暗，我们可以分为高、中、低三个调子（如图6－2－5）。

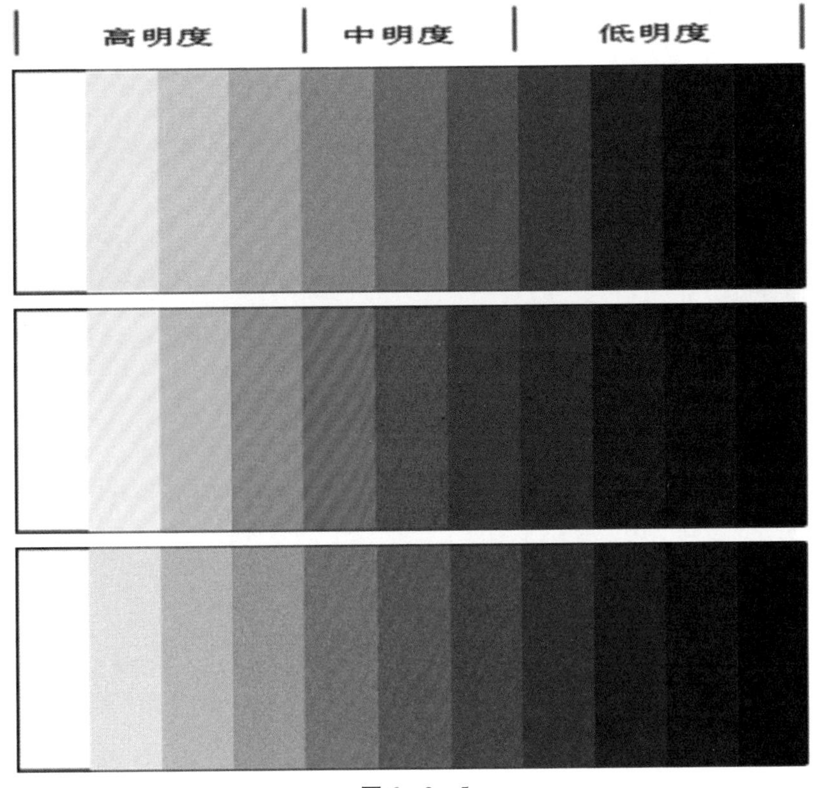

图6－2－5

其中：

1～3 的明度是高调，由亮色组成的高明度基调。高明度基调效能优雅、明亮、轻快、软弱。

4～7 的明度是中调，由中色组成的中明度基调。中明度基调效能柔和、甜美、清晰、稳定。

8～10 的明度是低调，由暗色组成的低明度基调。低明度基调效能沉静、厚重、迟钝、忧郁。

而画面中的色彩在明度变化上的跨度则最终影响着整个画面的色彩关系。占画面统治地位的颜色为统治色（一般来说占统治地位的颜色占整个画面的60%），剩下的支配地位的颜色可以分为调和色（占画面20%～30%）、对比色（占画面5%～10%）。统治色与支配色在颜色明度上的跨度又可以分为强对比（5个阶梯以上）、中对比（3～5个阶梯）、弱对比（3个以内阶梯）。因此，明度的高调、中调、低调与跨度的强对比、中对比、弱对比互相影响，可以形成9种常见的色彩节奏，它们分别是：高强调、高中调、高弱调，中强调、中中调、中弱调，低强调、低中调、低弱调（如图6－2－6）。

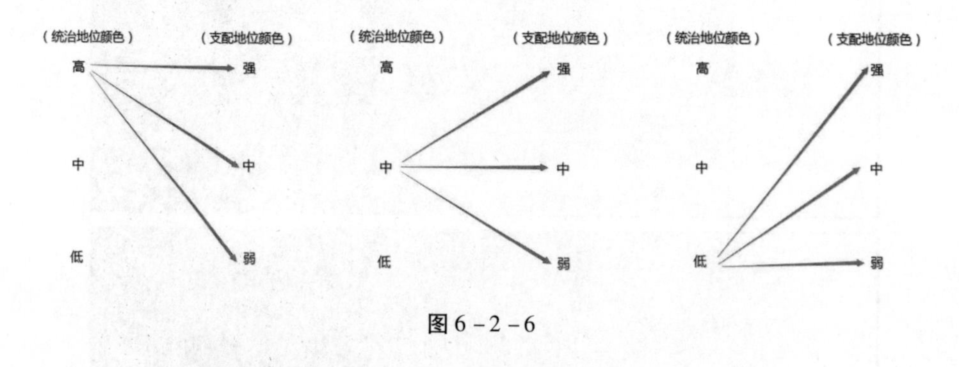

图6－2－6

我们用详细的实例来继续观察（如图6－2－7）：

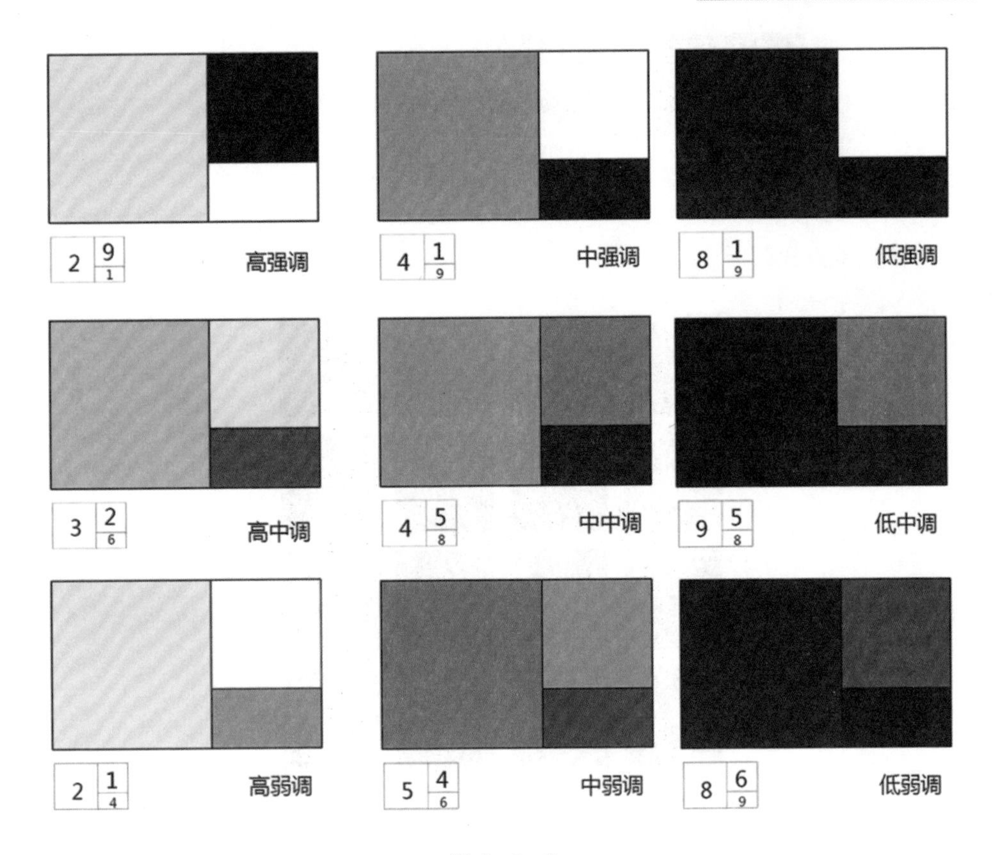

图 6－2－7

高强调：优雅、清淡、轻柔。

高中调：明亮、愉快、灿烂。

高弱调：对比强、反差大。明快、刺激、活泼。

中强调：朴实、稳重、庄重、平凡。

中中调：丰富、饱满。

中弱调：朦胧、模糊、含蓄。

低强调：强烈、爆发。

低中调：厚重、强硬。

低弱调：阴险、哀伤、黑暗。

如图 6－2－8 边缘对比，同一灰色块靠近暗色部分比靠近亮色部分显得亮一些。

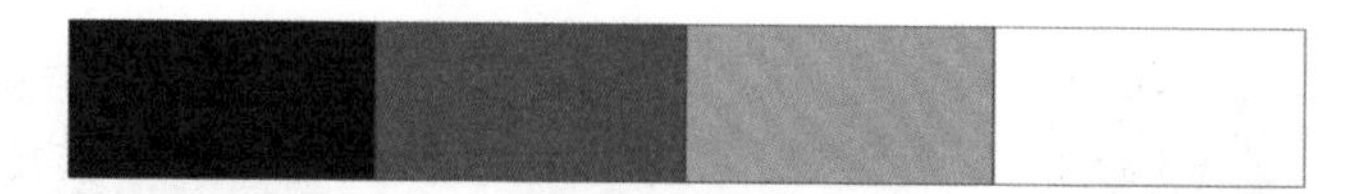

图 6－2－8

图 6－2－9 中，在白线交汇处，会产生视觉残留的灰色影像，这是明度对比所产生的效果。

图 6－2－9

图 6－2－10 比白更白，图 6－2－11 比黑更黑。

图 6－2－10

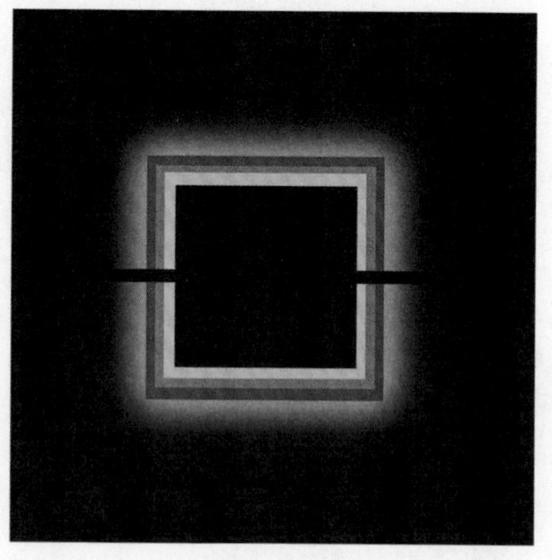

图 6－2－11

根据色彩明度高低，高明度色彩看起来较轻，低明度色彩看起来较重。如果相同明度的色彩，纯度高的色彩看起来较轻（如图 6－2－12）。

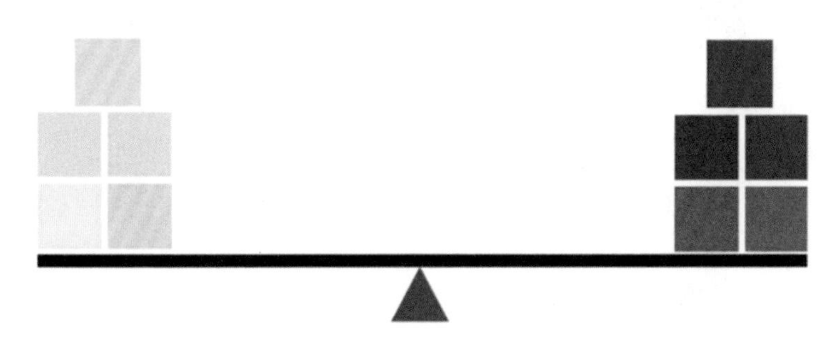

图 6－2－12

画面中只有明度的颜色即以明度的渐变来表达画面（如图 6－2－13），图 6－2－14 是利用较少的色相来表达画面。

图 6－2－13

图 6－2－14

二、色相对比

因色相差别所形成的对比称为色相对比。

色相对比是色彩对比中最本质的对比。和明度对比一样，手段单纯、明确而丰富。

色相的差别可以根据色相环上色彩的距离来决定对比的强弱。每一种色都可以以自己为准构成下述四类差别关系：

以二十四色相环为准，二十四色为360°，每一个色相为15°（如图6－2－15）。

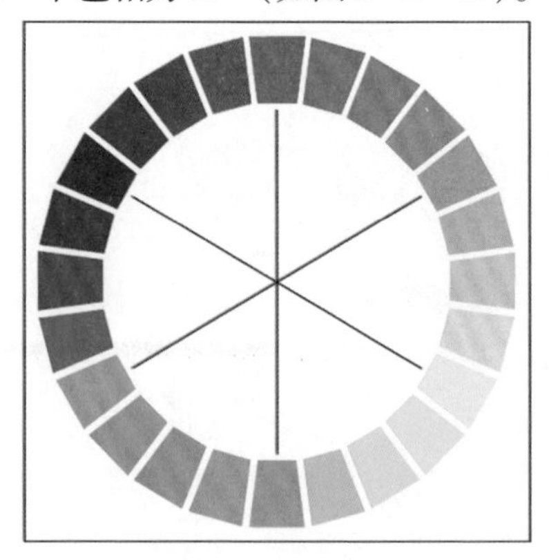

图6－2－15　二十四色相环

弱对比：邻近色对比、类似色对比、中差色对比。

邻近色的取色范围，在色环上一般是30°左右的两种颜色。

类似色的取色范围，在色环上一般是60°左右的两个颜色。

中差色的取色范围，在色环上一般是90°左右的两个颜色。

我们通过实际的操作与练习，来感受三种调和对比对画面带来的冲击。我们将同一张场景线稿进行简单的三种上色处理，来观察对比的效果。我们可以在PS中新建图层，并且使用正片叠底的上色方式进行处理（如图6－2－16）。

邻近色上色以后的场景，我们可以看出来整个画面非常的协调、统一、安全。

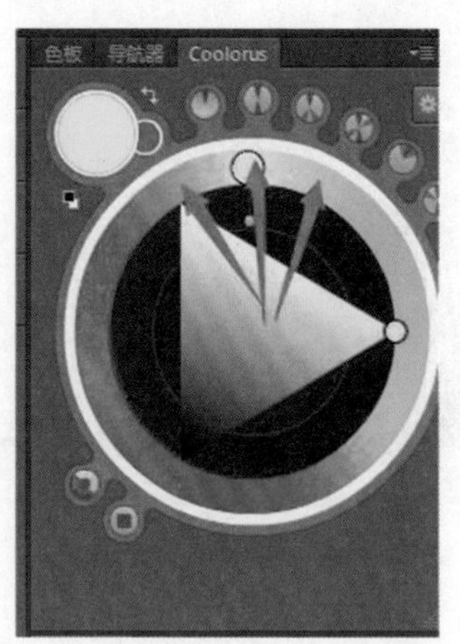

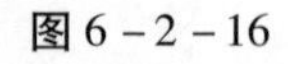

图6－2－16

我们可以通过PS的ctrl＋u调节色相的工具，对已经上色的邻近色画面尝试不同的颜色，观察后会发现，不管调节哪种色相，画面依然统一、安定（如图6－2－17、图6－2－18）

图6－2－17

图6－2－18

类似色上色对比，相比邻近色，色彩有了一定的跳跃感，但是画面依然是统一的整体（如图6－2－19）。

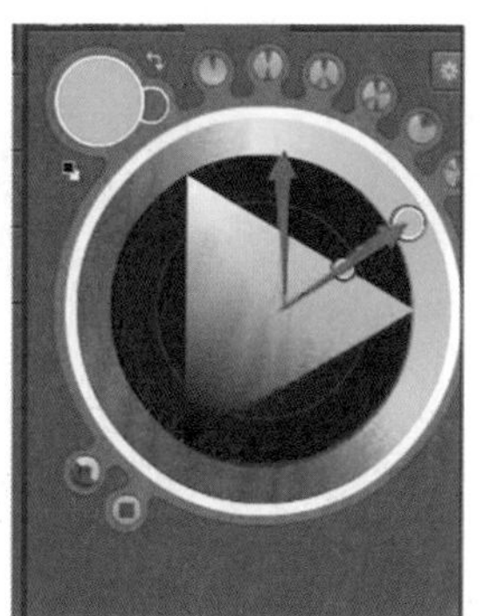

图6－2－19

中差色上色对比，中差色的对比关系使画面颜色变得越来越活泼，跨度加大（如图6－2－20）。

图6－2－20

将三幅图放在一起观察，明显感觉到跨度越来越大，画面颜色越来越跳，但整体上依然协调，都属于调和对比的范畴（如图 6－2－21）。

图 6－2－21

既然有调和，就有相应的对比。对比又分为对比色对比和互补色对比。对比色在色环上是 120°左右的两个颜色对比（如图 6－2－22）。

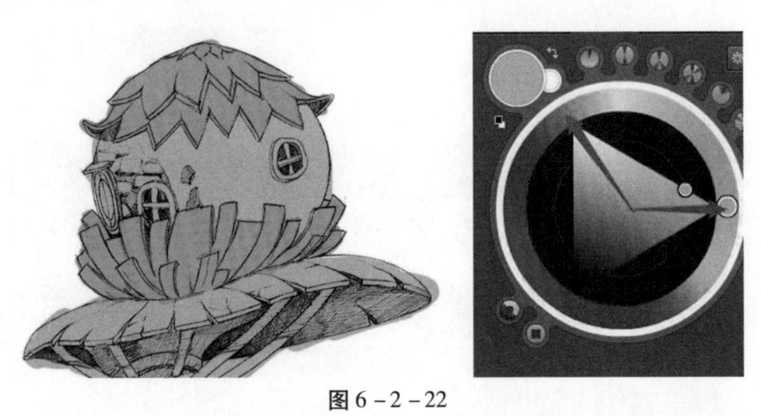

图 6－2－22

互补色在色环上是 180°的两个颜色对比（如图 6－2－23）。

图 6－2－23

从对比色之间的色相对比例子中，我们可以清晰地看到对比色对比画面更加强烈。对比色和互补色的对比，会让画面的色彩关系跨度过大，颜色十分不协调，每个色块都是单独的颜色，相互之间没有影响，让大部分人主观上有不舒服的感觉（如图6－2－24、图6－2－25）。但事情没有绝对的，在一个复杂画面上的色彩关系，通过各种调和对比、互补对比的相互衔接，也可以让色彩协调起来。

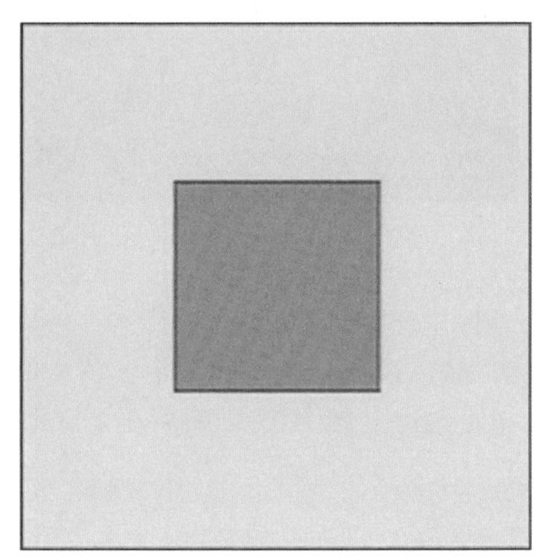

图6－2－24

图6－2－25

色相对比中，同一色相受其他色相对比影响会产生不同的色彩效果（如图6－2－26、图6－2－27）。

补色对比——最强

对比色对比——强

邻近色对比——中

同类色对比——最弱

图6－2－26

图6－2－27

总体上说，调和对比的画面在色彩上整体比较协调和安静。

三组互补色，左边的图中，红色最纯，绿色最灰；中间的图中，黄色最亮，紫色最暗；右边的图中，黄色最暖，蓝色最冷（如图6－2－28）。

图6－2－28

色相对比中，补色对比使色彩感觉更强（如图6－2－29）。

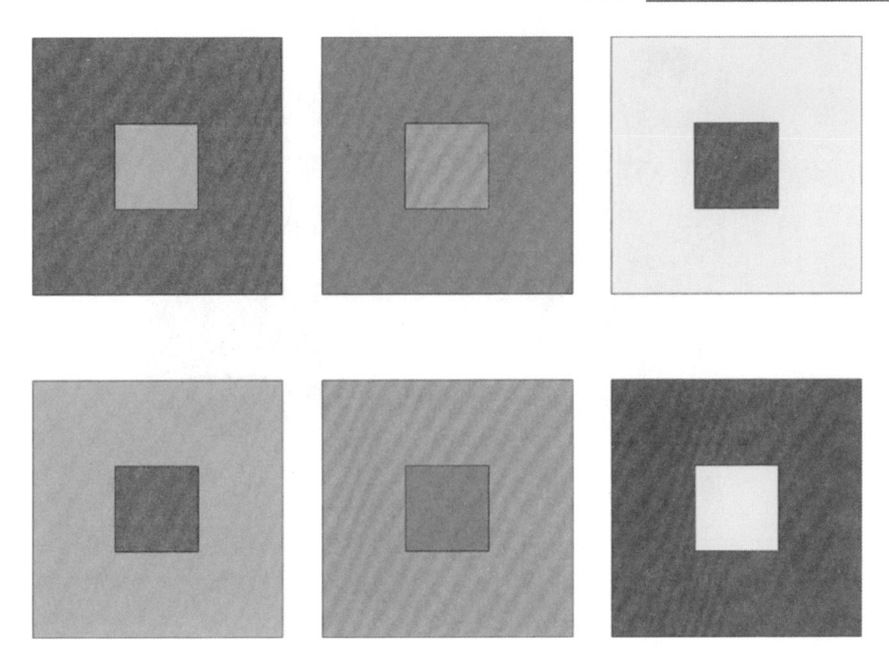

图6－2－29

同样的灰色分别放在红底与绿底上，红底的灰色稍稍带绿；绿底的灰色稍稍带红（如图6－2－30）。

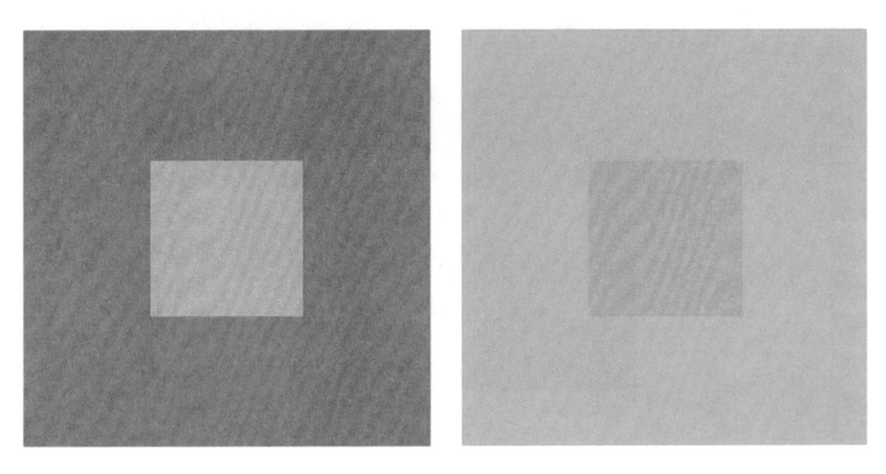

图6－2－30

互补色在现实生活中的应用比比皆是，如NBA著名球队湖人队的球衣（黄色和紫色）（如图6－2－31），雄鹿队球衣（红色和绿色）（如图6－2－32），也都是补色。

图 6 - 2 - 31

图 6 - 2 - 32

三、纯度对比

纯度关系实质上是指颜色的鲜浊程度，我们通过纯度阶梯来直观地观察颜色的鲜浊（如图 6 - 2 - 33）。

由纯度差别所形成的色彩对比称纯度对比。

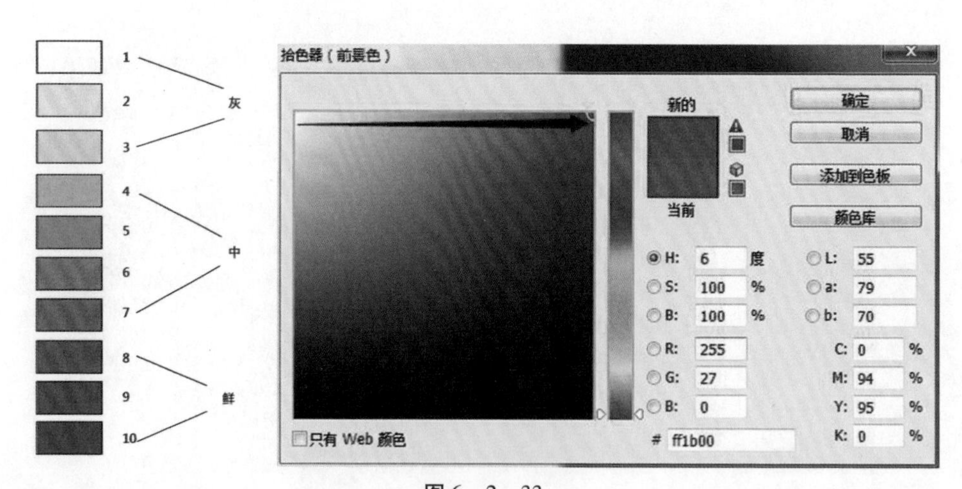

图 6 - 2 - 33

与明度阶梯类似，从上到下，从最浊到最鲜，我们可以分为灰、中、鲜三个调子。其中，1 ～ 3 是灰色调，4 ～ 7 是中色调，8 ～ 10 是鲜色调（如图 6 - 2 - 34）。

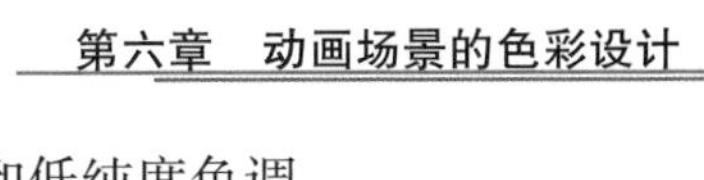

按纯度色标可分为高纯度色调、中纯度色调和低纯度色调。

高纯度色彩之间的对比为强对比，其效能强烈。

中纯度色彩之间的对比为中对比，其效能悦目。

低纯度色彩之间的对比为弱对比，其效能含蓄。

高纯度　　　　中纯度　　　　低纯度

图 6－2－34

同样地，另一个影响画面色彩关系的是颜色纯度的跨度，5 个阶梯以上的被称为强对比，3～5 个阶梯被称为中对比，3 个阶梯以下被称为弱对比。根据统治色与支配色的画面关系，在纯度上可以将画面分为 6 种：鲜强调、鲜中调、鲜弱调；中强调、中中调、中弱调、灰强调、灰中调、灰弱调（如图 6－2－38）。

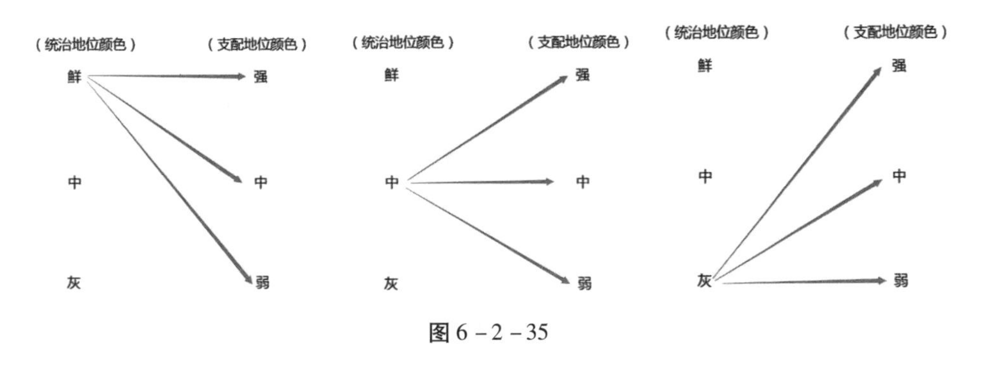

图 6－2－35

我们继续以详细的上色案例，来直观地感受不同的纯度对画面的色彩效果产生什么样的影响（如图 6－2－36 至图 6－2－38）。

（鲜强调）
图 6－2－36

（中中调）
图 6－2－37

（灰弱调）
图 6－2－38

通过上述上色实例可以得出以下结论。

鲜色调的画面：积极、有强烈的冲动、活泼、热闹、刺激、疯狂。

中色调的画面：中庸、平和、文雅。

灰色调的画面：平淡、消极、陈旧、悲观、简约、超然、随和。

按纯度对比的概念，纯度对比的强弱取决于纯度差。

纯度差别很大的色彩为纯度的强对比。如纯色与无彩色系黑、白、灰的对比。

纯度差别中等的色彩为纯度中对比。如纯色与含灰色、含灰色与无彩色系的灰色的对比。

纯度差别比较接近的色彩为纯度弱对比，如浅蓝与浅红的对比。

为了更好地理解纯度差别，尽可能选择明度、色相等方面的对比因素。选择一个高纯度颜色与一个同等明度的中纯度颜色进行混合，按比例可获得明确的纯度对比效果。

色彩的纯度也会有进退感，高纯度的色彩具有前进感，低纯度的色彩具有后退感（如图 6 – 2 – 39、图 6 – 2 – 40）。

图 6 – 2 – 39

图 6 – 2 – 40

红色波长较长，在视网膜上形成内侧映像，紫色波长较短，在视网膜上形成外侧映像，因此，暖色是前进色，冷色是后退色。

色彩的前进与后退除了与波长有关外，还与色彩本身的属性有关，明亮的色彩具有前进感，深暗的色彩具有后退感（如图 6 – 2 – 41、图 6 – 2 – 42）。

图 6-2-41

图 6-2-42

综上所述，一个相同的构图，根据不同的要求，利用色彩的明度、纯度、色相的不同对比效果，可以给人不同的心理感受。如图 6-2-43、图 6-2-44 同样给予观察者不同的色彩感受。

图 6-2-43

图 6-2-44

图 6-2-45 就是利用色彩的对比做的练习。

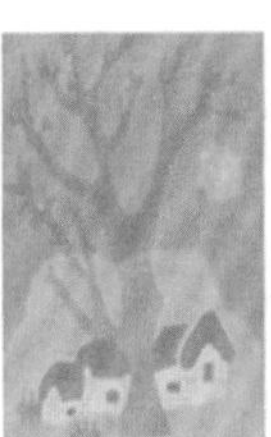

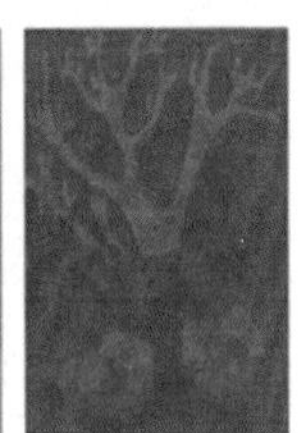

图 6-2-45

在动画片中，设计师往往会利用色彩的基调创造动画的戏剧氛围。

在动画短片《猫岛鼓浪屿妖怪志》的一幕场景中，画面利用了低中调的明暗对比关系，采用低纯度的紫红色系，渲染出故事发展情节进入危险和恐怖的状态，以及猫岛鼓浪屿的无助与悲伤的气氛（如图6－2－46）。

图6－2－46

动画短片《六合处处喜洋洋》的一幕场景中，画面利用了低中调的明暗对比关系，采用了低纯度的蓝紫色系，渲染出夜晚色彩的色调带来宁静的感觉。在同一个场景，通过不同的色调，展现了两种完全不同的气氛：白天给人以阳光、通透明亮的感觉（如图6－2－47），图6－2－48色调发生变化，画面的整体色调，在明度相同的情况下，从暖色转为冷色，画面中的气氛恰好是这种色彩变化的载体，利用故事情节引发色彩对比变化，迅速将观众从一种情绪带入另外一种情绪之中。

图6－2－47

图6－2－48

把握色彩设计的需求必须根据人的心理需求，结合故事情节需求，满足人的情绪，在铺垫的时候，色彩的用色应始终以情节为重。

图6－2－49、图6－2－50均出自动画短片*Cloud Loli*，在这里要表现小主角Loli的少女情怀。在纯度相同的情况下，画面的整体色调以粉色系为主，表达小女孩粉红的梦。在画面中，Loli的表演恰好是这种色彩变化的载体，利用故事情节引发色彩变化。

图6－2－49

图6－2－50

动画短片《再见大海》有一个情节，夜晚降临，整个小岛处在一个十分宁静的场景中。画面整体是紫色调，这时候在画面的右边用互补色黄色的月亮设置成光源。

设计夜晚的情节，本来给观众的感觉应该是平静安详的，但是这个情节却设置了一束非常亮的从窗口散发出的灯光。这个灯光的光源色最重要的作用是对人物行为的提示，它的设计是为了视觉的牵引力，并和左边的月光是持平的。当观众对画面中主要视线的落脚点感到犹豫的时候，事实上造成了似乎主角猫会有新动作的感觉；同时这一画面光源恰好处在中心偏右位置，整个右半部分纯度、明度都比较低，预告了角色即将表演的方向（如图6－2－51）。

图6－2－52是动画短片《忧天》的一个情节——男主角忧郁地沿着旋转楼梯行走的场景。画面整体是蓝紫色调，画面的右边用互补色黄色将主角设置成光源。设计逃走的情节，角色的动作本来应该是惶恐的，这个情节却设置了非常亮的服装作为光源色，最重要的作用是对人物行为做提示，它的设计是为了视觉的牵引力。当观众对画面中主要视线的落脚点感到犹豫的时候，事实上造成了男主角很忧郁的感觉，这一画面光源恰好处在角色移动的前方，提示角色的移动方向。

图 6－2－51

图 6－2－52

我们经常会看到许多经典的画面用了色彩的强对比——互补色对比，设计师在大胆运用色彩对比的同时，往往会在面积上使用悬殊的关系，正如我们常常脱口而出的“万绿丛中一点红”。

课程作业

进行同一个场景、变化色彩的各种对比练习。

第三节　动画场景设计中的色彩功能

- 学习目的：了解场景设计的色彩功能。
- 学习重点：互补色对比在场景设计中的运用。
- 学习难点：在场景设计中如何运用色彩对比表达主体。

色彩的功能可理解为色彩对人们视觉和心理的作用。功，包含色彩的力量、艺术的功用；能，指的是色彩的效能、能量、能力。

色彩对人产生的各种功能，是由色彩自身的物理性能和人类通觉所决定的。人类的通觉是经验和感应力结合形成的共同的感觉。色彩感觉是大脑思维活动的产物，它包括知觉、认识、技艺、观念、联想、感情等。色彩的功能就是指色彩在特定条件下影响人类的思维活动，从而影响人类的行为。图 6－3－1 中色彩鲜明的蔬果可以使我们初步认识色彩的功能。

图 6 – 3 – 1

一、色彩的抽象感情

四季更替在人们的印象中留下了四种不同的色彩现象；从黎明到深夜在人们知觉中又留下各种色彩印象；从柠檬黄—中黄—橘黄—朱红—紫罗兰，人们会联想到不同的年龄；海洋、森林、山川、湖泊、草原、沙漠……人们脑海中又闪现出各种色彩印象；人们长途旅行，所经过的各个城市、乡镇、山村在记忆中也映出一幕幕不同的色彩印象。如果让人们在蓝色、褐色、粉红色、淡黄色与男，女、老、幼之间从词组与色彩上画关联线，那么这些组合就是：蓝色—男、粉红色—女、褐色—老、淡黄色—幼，这是人们长期生活经验形成的普遍的色彩视觉印象。

大自然变幻着无穷无尽的色彩，从花草树木到瓜果蔬菜，从飞禽走兽到现代建筑，等等，给人们留下五光十色的色彩印象，也引发了人们的美好感情，人们又用色彩来抒发这种美好的感情。

从大自然色彩中捕捉灵感，人们得到了取之不尽的色彩启示，这种启示为创作或设计开拓了新的色彩思路。

近年来，大自然色调已成为国际流行色，流行色都以大自然现象、景物而命名，如大理石色、沙漠草原色、泉水色、雷电闪光色、黄昏色、中午色、花卉色、勿忘草色、芦苇色等。

此外，历史悠久的传统文化，如举世闻名的敦煌艺术、彩陶艺术、杨柳青民间年画、戏剧服装和脸谱、历代宫殿的豪华装饰等色彩艺术，无不给人以许许多多的色彩联想、印象启示。

文学、影视、音乐、舞蹈、戏曲等艺术，风靡世界的各种体育竞技，都留给世人优美的色彩印象，这些印象可转换为色彩节奏感、韵律感，是由心理活动的通觉所引起的。

音乐和色彩一样抽象，然而，听觉约束的色彩印象往往可以产生视觉色彩印象，音乐是通过什么和人的情感产生共鸣的呢？其实主要依靠的是通觉连接，这样的通觉语言屡见不鲜，这就是通觉的生理基础。音乐和色彩一样，是一种情绪的艺术，你要去体验那种难以言传的情绪感受，你要尝试让自己的心情随着音乐的起伏而变化，如，一首乐曲可以用明亮、暗淡或艳丽、灰色来比喻。中浅明度色彩可使人联想到柔和优美的抒情曲，节奏轻快的乐曲又使人联想到高明度的色彩。

文学语言是不具有色彩形象的，却具有丰富的色彩感情，它使人联想并唤起了色彩美感。如诗词中的“日出江花红似火，春来江水绿如蓝”“春风又绿江南岸”等，这些文学语言同样给人们以色彩的启示。

在生活中，能唤起色彩视觉联想的事和物不胜枚举，只要人们善于发现、善于想象，那么来自大自然和社会生活的各类色彩印象和启示就会像流水一样源源不断。

如图 6－3－2 是动画短片《倒霉的羊》的一个色彩设定，鲜明的四季色彩使我们初步认识了色彩的功能，并根据对其视觉联想进行视觉情绪表达。

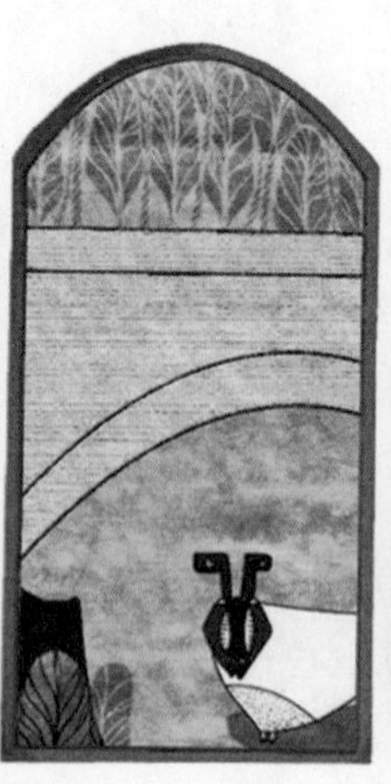

图 6－3－2

二、色彩的物理性能和心理效能

色彩引人注目，使人知觉到形象、事件与空间，产生联想，满足了人们视觉上和感情上的需求。这一切都是由色彩的自身功能与色彩的对比功能来完成的。在自然生活中，色彩无处不在体现它的功用。

（一）红色调

图6-3-3

火焰的红色，具象色彩（如图6-3-3）。

在可见光谱中，红色光波最长，是可见光波的极限，易引起人关注、兴奋、激动。红色热烈、鲜明、辣眼，人眼不容易分辨红色光的细微变化，不能长时间盯着红色。由于红色光波最长，在视网膜上成像位置最深，给视觉以扩张感，被称为前进色。初升的太阳即以红色出现（如图6-3-4）。

图6-3-4

除了太阳之外，自然界的很多物象，如鲜花，也大都为红色，因而红色又和理想、进步、光明有着密切的联系，成为朝气蓬勃、蒸蒸日上的革命事业的象征色。

红色光是导热与导电能力最强的光，因而红色使人感到温暖，这种经验积累使红色称为暖色。在自然界中，芳香的鲜花（如图6－3－5）、甜美的果实（如图6－3－6）以及再加工的各种食品都呈现出诱人的红色，因此，红色给人留下艳丽、芬芳、富有生命力、甜美、充实等印象，它是使人联想香味和引起食欲的颜色。

图6－3－5

图6－3－6

由于红色有上述物理性能和心理效能，在社会生活中，人们都把红色视为欢乐、喜庆以及胜利的象征色（如图6－3－7）。利用红色的注目性和兴奋性，红色应用于标志、旗帜等，成为最有力的宣传色（如图6－3－8）。

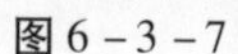

图6－3－7

图6－3－8

人们在红色的环境中，如面对熊熊燃烧的火焰，心跳会加快，血压会上升，皮肤会出汗，会觉得体温升高。两杯西瓜水，染红其中一杯，品尝时总觉得红色的味道更甜些。

图 6－3－9

耀眼的红色，抽象色彩（如图 6－3－9）。

与前文火焰红色不同，火焰的红，纯度不高，明度较低，而且添加了橙色在其中，而这里的红色，纯度更高，更加鲜艳。火有益于人，也会伤害人；伤亡总是伴随着流血，红色消极的一面使人常常联想到战争、流血、火灾、车祸、恐怖、死亡等，红色也被看成危险色。瞩目的红色被用来作为危险讯号，如道路、森林、油库、炸药库的小心烟火讯号（如图 6－3－10），也被视为具有预警作用的险情色，如具有危险、警告意象的天气预报就利用了这种颜色，因此，在红色的设计与应用方面可以灵活掌握。下面就举一些在动画片场景设计中如何应用红色调来渲染故事情节效果的例子。

图 6－3－10

美国动画影片《花木兰》采用红色物理功能和心理效能表现人物的情绪，将观众带入角色的心境之中。其中有一个被匈奴侵略者燃烧掠夺过的场景，这里的红色是代表消极的危险色，让观众联想到战争、流血、火灾、恐怖、死亡等。影片《花木兰》的另一个镜头也很好地利用了红色的抽象情感。背景用了大面积的红色，代表快乐、喜庆以及胜利，利用红色的注目性和兴奋性，表达即将为国奋战的士兵的热情和斗志，也让观众感觉这段动画的情绪处于一种兴奋的状态。

利用红色色彩场景表达动画情绪。在动画短片《猫岛鼓浪屿妖怪志》中，有一段四叶草与妖怪搏斗的场面，利用红色来表达这场搏斗戏的最激烈部分（如图6-3-11）。画面的色彩由红色的不同明度和纯度组成，观众在观看这段动画的时候，感觉到因为红色而使得整段动画的情绪处于一种癫狂的状态。红色很好地表现了这场搏斗的激烈程度，同时还代表了主角此时的心理状态。

图6-3-11

类似的还有动画《猫岛鼓浪屿妖怪志》结尾情节，此处镜头画面色调也采用了红色（如图6-3-12）。这一色调的变化，恰恰是为了凸显角色担忧小岛命运的焦虑心情和焦躁不安的状态。在没有光源变化等因素让色彩发生改变的前提下，影片多次采用色彩表现人物的情绪，是因为色彩有自己的物理功能和心理效能，观众能更容易地体会角色的心境。

图6-3-12

（二）橙色调

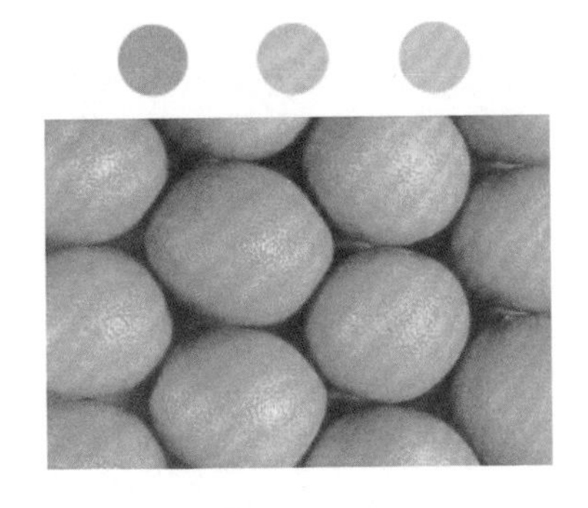

果子的橙色，具象色彩（如图6－3－13）。

图6－3－13

在可见光谱中，橙色光波长紧随红色光之后，具备红色光的一些物理性能。火焰中最热的部位呈现橙色光，因此，橙色传热比红色快，比红色感觉暖，最显眼的橙色是所有色彩中感觉最暖的色。

橙色又称橘黄、橘红，是由成熟的果子命名的。在自然界中，橙色或接近橙色的果子很多，如橙、柑、橘、菠萝、杧果等，因此，橙色也留下香、甜、酸、成熟、饱满、愉快等色彩印象，是一种能引起食欲的颜色。霞光、灯火呈现明亮的橙色，橙色又易于使人产生光明、健康、兴奋、温暖、辉煌的联想。橙色具有丰收的意象（如图6－3－14）。

图6－3－14

橙色在空气中极具穿透力，有很强的注目性，广泛用于较强的预警、讯号、标志等途径。

橙色被宗教垄断，在历史上也曾被高级权贵垄断，所以给人留下庄严、华贵、权威、神秘等印象。如，图 6－3－15 中大足石刻的橙色极具宗教意味，图 6－3－16 是佛教圣地九华山寺庙建筑的外墙，采用了明亮的橙色，增添了庄严与神秘之感。

图 6－3－15

图 6－3－16

图 6－3－17

成熟的橙色，抽象色彩（如图 6－3－17）。

秋季是画家和诗人喜爱的季节，金色的向日葵，树上的黄叶，带来许多浪漫，橙色就是其中的主色调。在画面中，我们也常常看见这一让人温暖的橙色，如图 6－3－18 是梵高的《向日葵》，图 6－3－19 是本书作者陈磊描绘的明媚秋天，一片金灿灿的景象。

图 6－3－18

图 6－3－19

下面举一些在动画片场景设计中如何应用橙色调来渲染故事的情节效果的例子。

图 6－3－20 是动画短片《再见大海》中的场景设计，整个场景用了橙色调，让午后的小岛笼罩在橙色中，启发观众产生小猫将实施自己的想法并即将胜利的联想。

图 6－3－20

动画短片《水之梦》中书桌的场景设计，利用桌面台灯微弱的光，将橙色的光引进来，显示小男孩向往光明、温暖（如图 6－3－21）。

动画短片《倒霉的羊》中秋天的场景设计，羊身处在橙色的背景下，与其他季节色彩明显地区别开来（如图 6－3－22）。

图 6－3－21

图 6－3－22

（三）黄色调

图 6－3－23

芬芳的黄色，具象色彩（如图 6－3－23）。

在可见光谱中，黄色波长适中，明度最高，光感最强，眼睛易于接受。黄色能照明，清晨的阳光、傍晚的霞光（如图 6－3－24）、大量的人造光源都倾向于黄色光，因此，黄色光有着光明、轻快、柔和、纯净、辉煌和充满希望的色彩印象。在相当长的历史时期，帝王们以辉煌、明亮的黄色做服饰，并作为宫廷与庙宇的装饰，因此，黄色也给人以崇高、华贵、威严、神秘、智慧的印象。

在自然界，鲜花也有以黄色呈现的，如迎春、黄玫瑰、郁金香、油菜花（如图 6－3－25）、秋菊、向日葵等，给人留下芬芳与美丽的印象。

图 6－3－24

图 6－3－25

黄色因波长居中，不容易分辨，除轻快外，同时有轻薄软弱的一面。中国水墨山水画忌用或少用黄色，就是因为其轻飘，与浓重墨色难以协调。

植物呈现黄色时，往往是衰败的开始，天空昏黄，预示着黑暗将临，树叶发黄，秋季已至，人面灰黄，疾病缠身，黄色也有颓败病态的消极一面，因此，黄色也用来预警，如气象台用来预告气象的黄色预警图，我们经常在电视看到台风黄色预警等这类预警公告。

图 6－3－26

明亮的黄色，抽象色彩（如图 6－3－26）。

秋收的季节，成熟的五谷、精美的加工食品也都呈现甜美的黄色，黄色能引起人的食欲，同时也给人甜美、丰盛的感觉。鲜黄给人以酸的强烈印象，典故“望梅止渴”就是借用色彩感情酸的联想，给人带来清爽的黄色色彩的诱惑。黄土、土豆等黄色给人朴实、浑厚、亲切的印象（如图 6－3－27）。在画中，我们常常看见让人明快的黄色用于表现清晨的霞光，如图 6－3－28 梵高的《田野》。

图 6－3－27

图 6－3－28

下面就举例说明在动画片场景设计中是如何应用黄色调来渲染故事的情节效果的。

美国动画片《功夫熊猫 3》中，熊猫阿宝在船上接受师傅教诲的一个场景，连续几个镜头都用了明亮的黄色，寓意着阿宝前途光明。

美国动画片《花木兰》中花木兰练功夫的一个镜头，表现花木兰学成后徒手捉鱼眼疾手快的技巧，背景用简单的晕染，明亮的黄色寓意着花木兰前程光明。

动画短片《英雄联盟》沙漠的场景设计，利用人们印象中的沙漠的色彩，在阳光的照射下，沙漠显得更加明亮（如图 6－3－29）。图 6－3－30 是动画短片《父与子》的场景设计，同样的场景，用不同的背景色彩做处理，狂风吹来，如同沙尘暴般阴沉，让人担忧。

图 6－3－29

图 6－3－30

（四）绿色调

图 6－3－31

森林的绿色，具象色彩（如图 6－3－31）。

在可见光谱中，绿色光纯度最低，波长居中。人的眼睛最适应绿色的光，不会感觉到刺激，因此，人眼对绿色光波长的微差有很强的分辨力，绿色让人的眼睛得到休息。

在投射到地球的太阳光中，绿色光占 50% 以上，在大自然中，绿色是植物的生命色。不同绿色的变化可以使人联想四季的转换和植物生命的过程。如黄绿—中绿—墨绿—灰绿，就给人以春夏秋冬的色彩启示，同时也会让人产生植物生命从“发芽到终结”的色彩启示（如图6－3－32）。

图 6－3－32

绿色让人视觉得以休息，又给人带来清新空气，所以绿色是旅游业和疗养业的象征色。绿色平静，象征着生命，因此，人们又将它当成和平事业的象征色，如橄榄枝是和平的象征，邮政事业也利用象征和平的绿色。

新鲜的绿色，抽象色彩（如图6-3-33）。

图6-3-33

绿色代表清凉。如图6-3-34、图6-3-35是雪碧的广告海报，雪碧的广告用语就是“晶晶亮，透心凉”，海报和宣传很好地使用了绿色的色彩印象。

图6-3-34

图6-3-35

在绘画作品中，画家们同样陶醉于绿色的世界（如图6-3-36）。

图 6－3－36

下面是一些在动画片场景设计中运用绿色调渲染故事情节效果的例子。

美国动画片《人猿泰山》中，泰山要带探险队中美丽的姑娘珍妮到森林里看鹦鹉，因此，他们被森林里的绿色所包围，一个是背光，一个是顶光，很好地利用了绿色调的不同层次来表达森林的高、深、叠与美。

美国动画片《功夫熊猫 3》的一个大场景，大面积的绿色，给观众带来了和谐美好的景象，与后来遭受破坏的画面形成极大的反差。

动画短片《倒霉的羊》的春天场景设计，利用了人们印象中的春天万物复苏的淡绿、黄绿的色彩，在阳光的照射下，植物显得那么的迷人透亮（如图 6－3－37、图 6－3－38）。图 6－3－39 是动画短片《种星星》的场景设计，同样的绿色草地场景，播种的是希望。图 6－3－40 是动画短片《英雄联盟》的场景设计，采用了多重绿色的森林场景，这是地球上人们最宜居的色彩，这里的绿色暖色调得处理特别温馨。

图6-3-37

图6-3-38

图6-3-39

图6-3-40

（五）蓝色调

图6-3-41

海洋、天空的蓝色，具象色彩（如图6-3-41）。

在可见光谱中，蓝色波长比绿色光短，穿透空气直线辐射距离短。如早晨和傍晚见到的太阳都是红色、黄色的，其中蓝色光较短，无力穿透比中午厚三倍的大气层到达地面，光早已折射掉。因此，与红色相比，蓝色在视网膜上的成像位置最浅，导热和导电能力较之红色差。蓝色是后退色，最显眼的蓝色是感觉最冷的色彩，天空、大海地平线、远山都是蓝色的（如图 6－3－42）。

图 6－3－42

商务的蓝色，抽象色彩（如图 6－3－43）。

图 6－3－43

天空和海洋就是蓝色的象征，也是我们人类知之甚少的领域，因此，蓝色调是航空、高科技和商务的代表配色。当你打开手机 APP，无论是百度、QQ 浏览器、支付宝、非常准，还是携程旅行，设计上都采用了蓝色作为专色。如图 6－3－44 的设计就是以大面积的蓝色作为背景，凸显高科技领域的深奥。

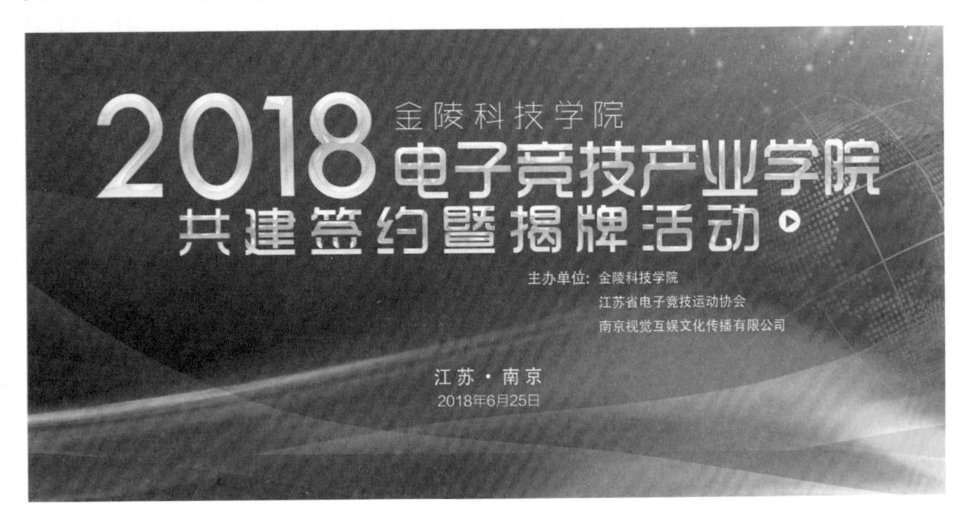

图 6－3－44

蓝色在心理上让人感觉冷，与白色相结合，成为冷饮、冷冻业的标志色，在冷清和悲哀的场合中，也常以蓝色做装饰。蓝色也是背光的颜色，因此，我们会发现一些表现背光的作品使用冷色系的暗色调，如收藏于巴黎奥赛美术馆的梵高作品：1888 年的《隆河的星夜》（如图 6－3－45）、1890 年的《奥维的教堂》（如图 6－3－46）。

图 6－3－45

图 6－3－46

下面就举一些在动画片场景设计中如何应用蓝色调来渲染故事情节效果的例子。

美国动画片《人猿泰山》有一个镜头，科学家在教泰山学习人类的知识，用了大面积的蓝色，既代表天空，也预示着知识海洋的浩瀚与深邃。从近景到远景，表现渐远渐冷，远山用了蓝色，目的是让其后退。

图 6－3－47、图 6－3－48 动画短片《忧天》的一组场景设计，所有的建筑用了不同明度和纯度的蓝色调，带领观众走进寒冷的世界，在令人感觉到主角杞人忧天的同时，也寓意着将有不幸的事情发生，主角惊恐地走在阴冷的街道上，也将观众带进悲伤的世界。

图 6－3－47

图 6－3－48

图6-3-49、图6-3-50是动画短片《倒霉的羊》两个镜头，图6-3-49表现的是蓝色的河面结冰后，羊幻想溜冰时的场景，虽然是美好的回忆，但是蓝色调组成整个画面，隐喻不幸的事件即将发生。图6-3-50表现的是寒冷的冬天羊在离开羊群后心情失落的场景，蓝色调组成冬天的夜景，观众的心跟着阴沉下来，仿佛走进了冰冷的世界。

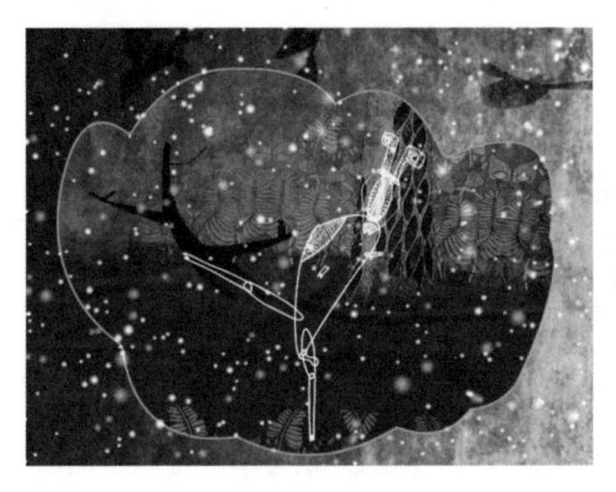

图6-3-49

图6-3-50

图6-3-51是动画短片《有梦的孩子不孤单》的一个镜头，蓝色调组成整个画面，蓝色的天空承载着孩童的梦想，带着他在梦的海洋里翱翔，在这里蓝色使科技的神秘感表现得一览无余。图6-3-52是动画短片《梦的旅行》的一个雨天的镜头，冰冷的蓝色给夜里发生的故事增加了恐怖的气氛。

图6-3-51

图6-3-52

（六）紫色调

浪漫高贵的紫色，具象色彩（如图6－3－53）。

图6－3－53

在可见光谱中，紫色光的波长最短。

紫色光不导热，也不照明，因而眼睛对紫色的知觉度最低。在自然界，紫色是比较稀有的，紫色的花也少见，故显得特别娇贵（如图6－3－54）。在社会生活中，上流社会贵妇人的服饰常用到紫色。紫色的颜料稳定性不高，因此给人以高贵、神秘、富贵、幸运、优越、流动、不安等的色彩印象。与蓝色一样，紫色也是后退色。

图6－3－54

紫色也和宗教有关，紫色象征耶稣受难，复活节前一周，信徒们身穿紫色服装，参加礼拜仪式。

丁香、薰衣草、紫罗兰等都是紫色的，使人感到美好、愉悦。

明亮的紫色像天边的彩霞，紫色变淡为粉色时，是一种很女性化的色彩。男性化的紫色调可以使用黑紫色。

中国传统中，紫色是帝王之气，北京故宫被称为紫禁城。当今日本王室仍尊崇紫色。天主教称紫色为主教色。紫色代表神圣、尊贵、忧郁的色彩印象，让人难以忘怀。

愉悦的紫色，抽象色彩（如图6－3－55）。

图6－3－55

紫色是充满神秘和浪漫的色彩，让人无限地遐想和回味。但是，紫色同样是代表着内心不安的颜色，喜欢它的人异常敏感，黑夜是紫色，伤痛是紫色，一些苦涩的物体是紫色，物体腐败也呈现紫色，因此，紫色也容易引发不祥的联想，有痛苦、阴谋、恐怖的色彩印象。紫色有它的稀有性，但是过多地使用又会走向反面，给人留下低级、荒淫和丑恶的印象。紫色在日本代表悲伤和无助，在西方文化中，紫色有死亡、幽灵、噩梦的色彩印象。

紫色也是极其高贵的颜色，因此，一些画家喜欢用一些不同明度与纯度紫色调表现作品，如莫奈的《日出》（图6－3－56）。

图6－3－56

下面就举一些在动画片场景设计中如何应用紫色调来渲染故事的情节效果的例子。

美国动画片《冰河世界》片头设计，其美妙之处在于，文字用了冰块做的效果晶莹剔透，折射出背景的紫色调，而此时紫色的联想正好与作品吻合，有高贵、神秘、痛苦、阴谋、恐怖的故事叙述。

美国动画片《冰雪奇缘》有一个场景，妹妹寻找姐姐，在冰雪覆盖的寒冷山间，在大紫色的背景下，小小的人影出现在观众视野中，此时的紫色变得不那么的不安和无助，远处的霞光带来了光明和希望。

图 6－3－57 是动画短片《浮冰》的主要场景设计，用了灰冷的紫色系，在明度和纯度都不高的背景下，此时的紫色既用来表达寒冷的世界，也用来寓意人性的冷漠。

图 6－3－58 是动画短片 *Cloud Louli* 的主要场景设计，也用了紫色系，明度和纯度都有较高的背景，此时的紫色用来表达小姑娘的优美，少女心十足的搭配符合少女的浪漫情怀，在一个紫色的冰雪世界里得以充分展现。

图 6－3－57

图 6－3－58

同样是紫色，偏蓝色的紫显得更加冷漠无情，而偏红色的紫则显得烂漫与轻快，这时用紫色更能表达少女的心境，观众的心情也不至于那么低落。

方块形象的若干色彩可以构成各种系列色彩印象和色彩感觉，这类主题春夏秋冬、男女老少等系列。

如图 6－3－59 是酸甜苦辣的色彩印象。

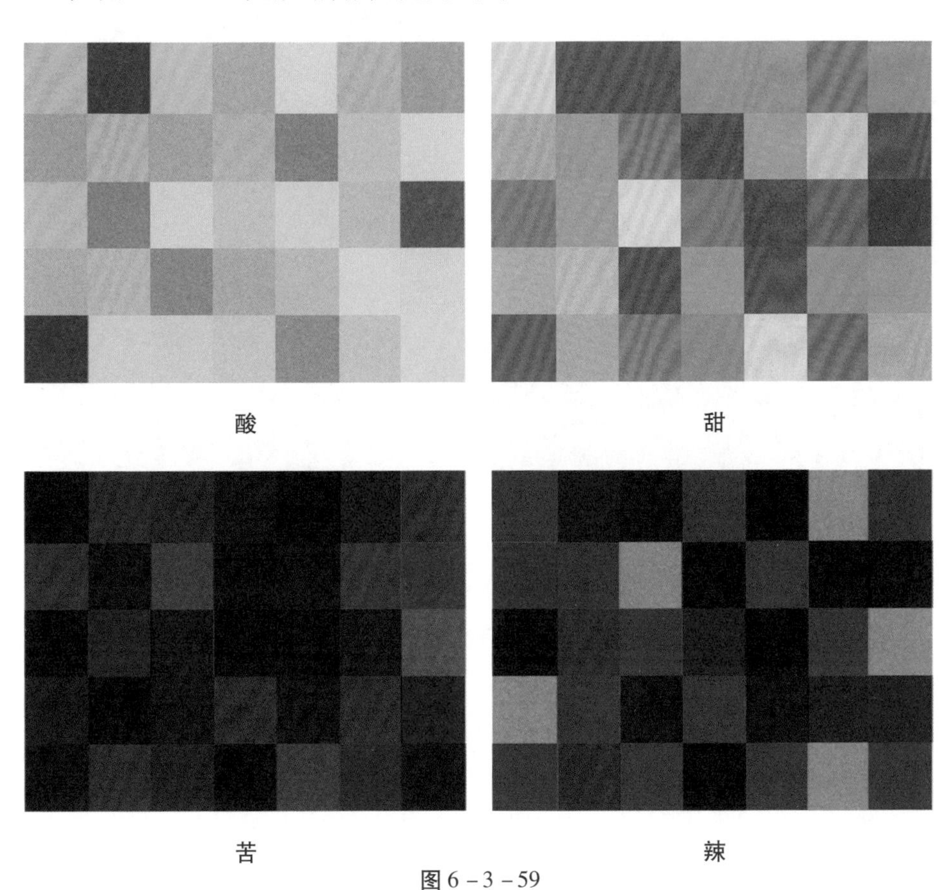

图 6－3－59

图 6－3－60 是萝卜、南瓜、土豆、茄子的色彩印象。

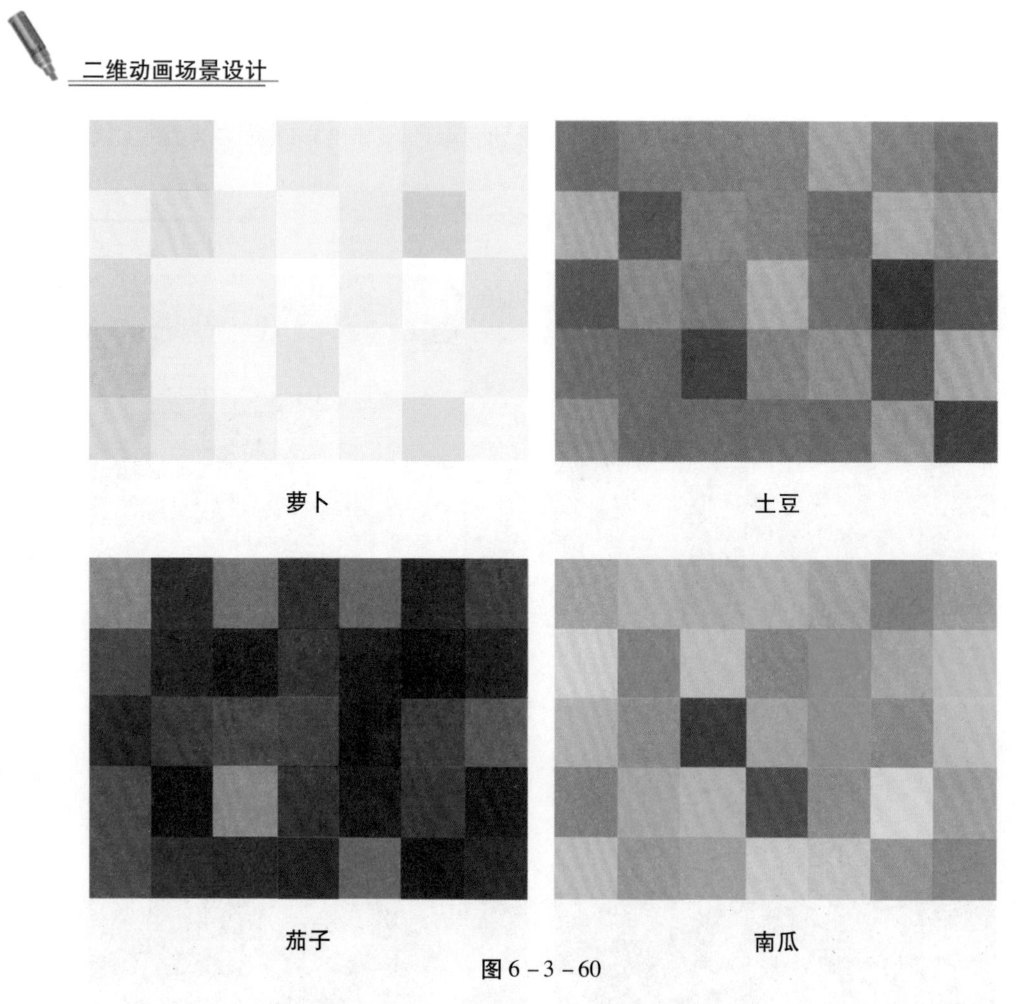

图 6－3－60

综上，我们可以总结出，每一种色彩都有自己特定的属性和视觉的通觉印象，设计者要充分利用色彩的这些特点进行设计，这样才会事半功倍。

小　结

本章主要讲述色彩的基本知识和基本组合方式，通过举例讲述色彩在动画场景设计中的作用。同学们可以通过自己对色彩的认识进行色彩搭配练习，理解各种色彩的属性，为不同的场景色彩的设计做适当的准备。

课程作业

同一个场景，变化各种色彩并做对比，说明色彩改变后的不同心理效能。

第七章　动画中的光影造型

第一节　光源的种类与特点

- 学习目的：了解光源的种类与特点。
- 学习重点：斜照光源在场景设计中的运用。
- 学习难点：顶光在场景设计中的运用。

都说艺术源于现实生活，又高于现实生活。动画中经常使用的光影造型也是对现实生活中光影的再塑造。动画工作者需要了解光影基本的知识，才能让自己的动画片整体画面设计更加美观和真实。

光源是指画面中给予光影效果的光线来源，其种类是根据光线给予角色或场景的方向来划定的。光线（尤其是自然光）并不是一成不变的，自然光会受到天气以及时间的影响。在这里我们主要通过时间的区别，也就是太阳与地平线形成的角度，来讨论在不同光线下对画面的不同处理方式。

一、平照光线

平照光线一般出现在清晨或者傍晚，太阳即将升起或者即将降落，太阳与地平线的角度在20°以内，这一时刻光线是平射的，所有光线相对明度比较低，光照柔和。

如，图7－1－1是动画片《猫岛鼓浪屿妖怪志》中清晨的一个镜头，在太阳升高之前，海上的光照清晰而不强烈，一艘渡轮缓缓驶向鼓浪屿小岛，柔和的光照在平静的海面，暗示风和不一定“日丽”的一天即将开始。

平照光线是动画片一般的叙事方式，在没有特殊的情节要求下，基本都采用平照光线来表达画面。图7－1－2是动画短片《再见大海》的一个场景设计，就是采用平照光线的处理方式。

图 7－1－1

图 7－1－2

当太阳平射在所表现的物体上时，地面中映射出长长的影子，使得画面的层次感更加丰富。如图 7－1－3、图 7－1－4 都来自动画短片 *Day Dream*，从两幅图中可以看出，平照光线增加了场景和角色的浪漫色彩与感染力。

图 7－1－3

图 7－1－4

二、斜照光线

在晴天的上午或者下午，太阳与地面的夹角在 20°～70°之间，给生活在地球的人们最长的时间光线，这就是斜照光线，它也是动画作品中最常出现的光影类型。只要在设计时稍微改变光源角度，就能创造出你所需的场景，增添戏剧性。依据场景和角色形态特征，营造出不同光影变化，利用斜照光创造的阴影，让看似平淡无奇的场景表现出张力，利用光影对比增加画面和色彩的层次感。

斜照光线用在近景构图时，画面的效果更加立体。如，图 7－1－5 是动画短片 *Change* 的场景设计，从图中可以看出斜照光线让椅子更加立体化，图7－1－6 是动画短片《浮冰》的截图，白色不容易出效果，往往要靠投影来增强画面感，图中斜照光线投影在人物身上，冰面泛出反光，虽然冰面场景设计比较简单，画面的色彩比较单一，但是层次感还是表达得十分充分。

图 7－1－5

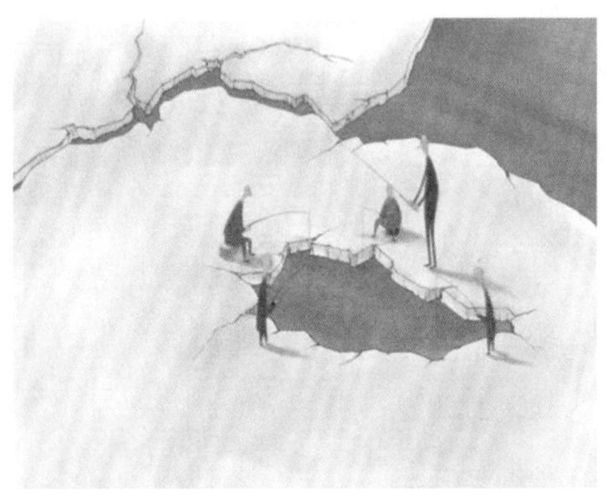

图 7－1－6

图 7－1－7、图 7－1－8 是动画短片《天黑黑》的截图，从 7－1－7 中可以看出斜照光线让脸部更加立体化。斜照光线使得观众跟随着画面的节奏感，被迫从对光的追索中去寻找细节，观众从图 7－1－8 就很自然地看见烧柴火发出的光，以及在火光照耀下的桌椅和炉灶墙的细节。

图 7－1－7

图 7－1－8

图 7－1－9 是动画电影《再见大海》的场景设计，此处利用斜照光线温柔地打在植物盆景上，突出了场景的情趣表现。画面在传达距离感的同时，蕴藏着耐人寻味的诗意和精神的张力。

图 7－1－9

图 7－1－10 是短片《再见大海》的一个镜头，利用从窗户斜照进来的光线，不至于让屋内光线太暗，是很理想的光源设计，主角黑猫咪的表情和动态得以让观众清晰地看见，场景超越了在情节表现上的基本需求和普通的视觉经验，画面布局有中国画风留空的意境。

图 7－1－11 是动画短片《小丑》的场景设计，同样利用了从窗户斜照进来的光线，让玩具的表情和动态进入表演状态，画面布局饱满却不拥堵，室内的车舍反映的是小姑娘的生活化镜像，温馨而甜美，很容易将观众带入戏中。

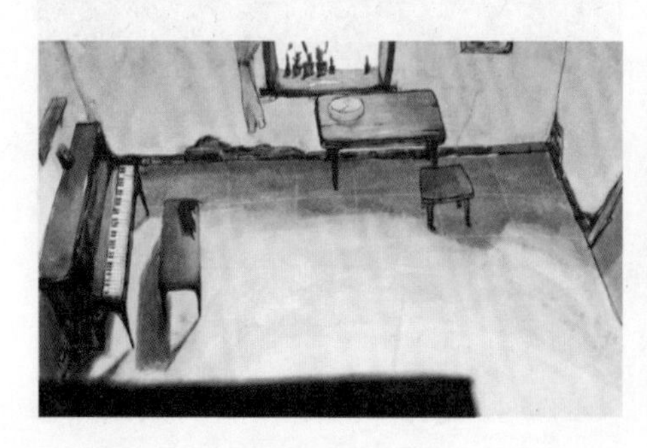

图 7－1－10

图 7－1－11

从以上例子中可以看出，在利用斜照光线的时候，物体的造型和质感的表现能力比较强，此时的光影造型使得物体明暗适中，不显生硬，适合表现大多数场景和人物造型。

三、顶照光线

顶照光线，顾名思义，物体的顶部会受到很强的光照，可以充分受光，垂直面基本在阴影处，阴影较少或没有阴影，因此可以充分呈现作品的细节。顶照光线的优势在于可以渲染气氛，加强对比，增强画面的效果；劣势在于无法很好地表现物体的体积感和空间感，运用得不好容易使画面产生呆板效果。正午时刻的阳光直射，基本都属于顶照光线，此时太阳与地面的夹角在70°～90°，光照最强。

图7－1－12来源于动画短片《天黑黑》，该镜头采用了顶光的处理方法，一是符合剧情的需求，二是可以利用天井顶光的优势，充分描绘此时正狂风闪电，暴雨预示两个主人公的争夺战愈演愈烈。

图7－1－13来源于动画短片《猫岛鼓浪屿妖怪志》的场景设计，画面利用顶照光线的优势，渲染气氛，让观众的视线跟着光源追踪事件的发展，并对之充满了期待。画面通过对整个光影的处理，使画面没有形成僵硬的框架，而是营造出的气氛有真实感，甚至超越了真实感，成为沟通观众与角色的渠道，让观众与设计者一起进入片子营造的乌托邦。

图7－1－12

图7－1－13

四、脚底光线

脚底光线，顾名思义，物体的底部会受到很强的光照，可以充分受光。如，图7－1－14是动画短片《天黑黑》的一个场景设计，画面的光源来自底部，用了一个反转镜头，紧接着天旋地转。图7－1－15是动画短片《种星星》的一个场景设计，画面的光源来自脚底，发光的星星照亮了人物的脸部，把男主角愉悦的情绪通过光源表达出来，让观众和角色一同进入快乐之旅，从某种意义上来说，光源的使用是完美的。

图 7 – 1 – 14

图 7 – 1 – 15

画面的空间不是仅依靠一个视角来表现的，构建更多的视觉角度表达同一个内容是一个优秀设计师的必备素质，在某种意义上，要把各种生活的经验和体验纳入场景设计，力求在形式上得以完美地复现。

五、散射光线

散射光线一般是阴天所处的光影环境。阴天时，没有太阳光源点，整体光线呈现散射状态，最为柔和。

如，图 7 – 1 – 16 是来源于动画短片《厦门博饼趣事》的一个场景设计，图 7 – 1 – 17 是来源于动画短片《小丑》的一个场景设计，这两幅图都是表现散射光线，场景没有明显的明暗交界线，没有明显的亮部和暗部之分，画面色调柔和，中间色调居多，比较适合表现平常的氛围。

图 7 – 1 – 16

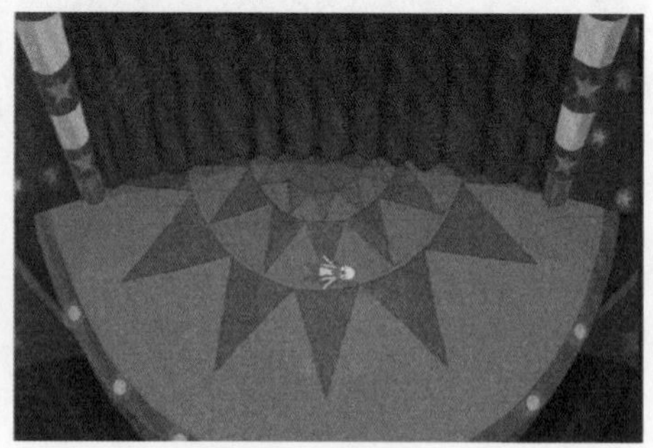

图 7 – 1 – 17

课程作业

做同一个场景、变化光源的各种光影练习。

第二节　光影造型的基本方法

●学习目的：了解五种光，即主光、副光、轮廓光、环境光、修饰光的特点。

●学习重点：主要光源在场景设计中的运用。

●学习难点：主光、副光在场景设计中的相互作用。

刻画物体要刻画物体的光影关系，而不是只刻画物体的轮廓。光从哪里来，光对物体、周边的影响等因素成为表现画面的主要因素。表现物体有了光就有了形态，就有了神韵，而无光形体就会显得呆板、不生动。

光影造型的基本方法是基于光源的种类研究出来的一种造型方法，叫作五光造型法。在五光造型法中，主要考虑的五种光线因素有主光源、副光、轮廓光、环境光、修饰光。

一、主光源

主光源（主光）亦称塑型光，是用以塑造角色和环境的主要光线。主光源是画面的主要光源，包括正面光（如图 7－2－1，来自动画短片《种星星》）、侧面光（如图 7－2－2，来自动画短片《猫岛鼓浪屿妖怪志》）、侧逆光（如图 7－2－3，来自动画短片《再见大海》）、逆光（如图 7－2－4，来自动画短片《再见大海》）、顶光（如图 7－2－5，来自动画短片《再见大海》）和脚光（如图 7－2－6，来自动画短片《种星星》），都可以做主光。

图 7－2－1

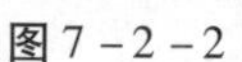

图 7－2－2

图 7－2－3

图 7－2－4

图 7－2－5

图 7－2－6

在一定程度上，主光源无论是自然光还是人造光，都相当于中午的阳光直射。主光源是光影造型中必不可少的光源之一，在 80% 以上的光影造型中都有主光源的存在。

图 7－2－7 为动画短片《天黑黑》主要场景厨房的设计图。

图 7－2－7

从图中可以看出，厨房灶台内的火光就是光影造型中的人造光之主光源。主光源可以使被照射物体产生清晰的明暗面，主光源除了在描绘物体形状方面起作用，在表现立体感、空间深度等方面也起着不可替代的作用，因此也被称为造型光。

在室外的场景中，太阳光设定为主光。如，图 7－2－8 是太阳光作为主光的效果。在室内场景中，透过窗户的光即为主光。如图 7－2－9 是侧逆光的主光源效果。两幅图片均自动画短片《再见大海》。

图 7－2－8

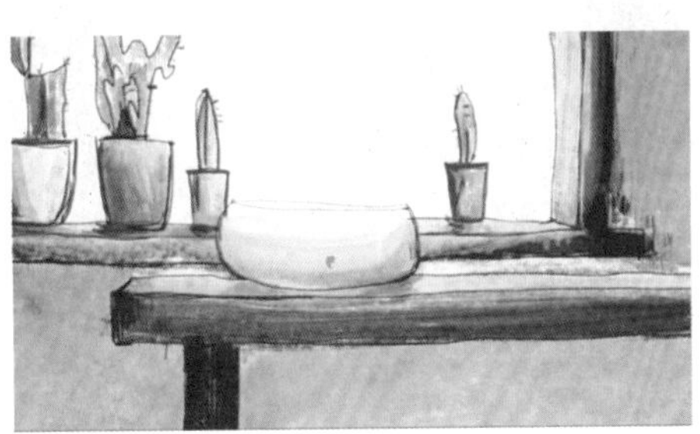

图 7－2－9

主光源的特点是有明确的方向性，主光源如是直射光，将产生较强的投影。如图 7－2－10 是动画短片《天黑黑》的一个场景设计，此时正好是自然光照进院子大门，使得那些门框和立在门前的木材堆形成立体的投影，让农家院子的门口显得不再空旷，而大门后的农家用品也是有层次感的。有时为了追求特殊光效，如造成剪影效果，就不添加任何其他光。如图 7－2－11 是电影

《猫侠》的一个镜头截图，通过月亮的光源，打造了一个会武功的猫侠剪影，十分奇妙。

图 7－2－10

图 7－2－11

如，图 7－2－12 是动画短片《水之梦》的一个室内场景的设计，图 7－2－13 是动画短片《忧天》的一个室内场景的设计，同样都是通过台灯的光源，将一个神秘的男孩和一个杞人忧天的诡异男人的画风区别开来。可见光的处理非常重要，它既可以造出梦的神秘，也可以造出梦的恐怖。

图 7－2－12

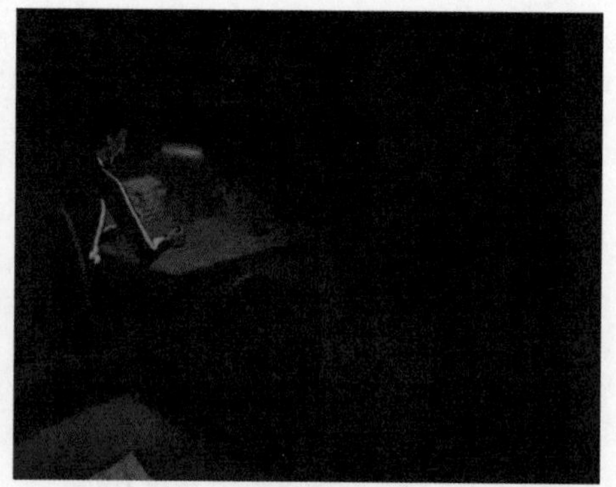

图 7－2－13

如，图 7－2－14 是动画短片《六合处处喜洋洋》的一个镜头，主光源是夕阳光，整个山村在夕阳的余晖笼罩下呈现一片红色的美景。图 7－2－15 是动画短片《忧天》的一个镜头，主光源主要是路灯，整条道路在昏黄色的路灯照射下，画面显得更加忧伤。

图7－2－14

图7－2－15

当用明暗光照明却只有一个主光源的时候，此时光影比往往过大，应增加副光配合，也就是我们常说的辅助光源。

二、辅助光源

辅助光源（也称为副光）是相对于主光源的定义，用来辅助照明主光源无法找到的暗部，使暗部细节得到一定程度的表现，并减弱由于主光源造成的强烈的明暗反差，用于反照被摄对象的阴影部分，不至于暗部过于不透气，使对象亮度得到平衡。主光源强度不变时，随着辅助光源的增强，光影造型的明暗关系趋于缓和；反之，随着辅助光源的减弱，光影造型的明暗关系反差增强，以帮助主光造型。注意，当辅助光照明不能形成投影时，应采用散射光当辅助光。

在动画影片场景照明中，首先确定主光，再根据需要调整副光。副光的原则是低于主光，照在阴影部分，它的作用是让暗部有一定的层次感。

在室外场景设计中，主光主要有日光、月光、灯光、火光等，副光色度由天空光和地面或者周边的其他道具反射光决定。

如，图7－2－16是动画短片《再见大海》的一个镜头，主光是月光，照射了整个大场景，使得黑夜有了光明；屋内透过窗户照射出来的灯光即为副光，它丰富了画面，使得建筑物在黑夜中更加突出。图7－2－17是动画短片《猫岛鼓浪屿妖怪志》的截图，从图中可以看出，场景中的主光源是屋内的自然光，主光源使得屋内整个场景亮部清晰可见，辅助光源则是透过后面窗户投进来的阳光，有了辅助光源，事物的暗部因此有了更加丰富的细节，画面的层次也更加清晰。

图 7－2－16

图 7－2－17

图 7－1－18 是动画短片《天黑黑》的一个镜头的截图，从门外照射到屋内的光源利用了室内两个不同光的来源充当主要光源与辅助光源。打开的大门成为主要光源，而天井散射进来的光成为辅助光源，这样的用光不至于让角色进屋时由于背光而显得面部太黑，从而无法看清他的面部表情和表演。

图 7－1－19 是动画短片《种星星》的一个镜头的截图。图中利用屋内的吊灯当主要光源的来源，而桌子上的星星发出的神秘的光充当辅助光源。这样用光使角色在主光源下不会由于背光而显得面部太黑，他的面部表情和表演在辅助光的作用下尽收眼底。

图 7－2－18

图 7－2－19

三、轮廓光

轮廓光是用来照亮被拍摄物体外轮廓的光线，光源处于被拍摄物体背后，也被称为大逆光。轮廓光的主要作用是用光勾画出物体的外轮廓，分离主体与背景。轮廓光第一要素为极简，画面中人物的亮部区域会非常少，比剪影多一些层次，轮廓光产生的是逆光效果（如图 7－2－20）。

图 7－2－20

图 7－2－21 是动画短片《猫岛鼓浪屿妖怪志》的一个特写镜头，画面用了轮廓光的处理手段，利用了夜色微弱光作为背景的光源，反映出透明物体和完全不透明的手的效果，画面形式美感十分强烈，表达了浓郁神秘的气氛。

图 7－2－22 中，在火光下，同样采用了轮廓光的处理手段，只是用了中景的表达方式，火光作为背景的光源，为画面营造一份惊悚的意境和美感。

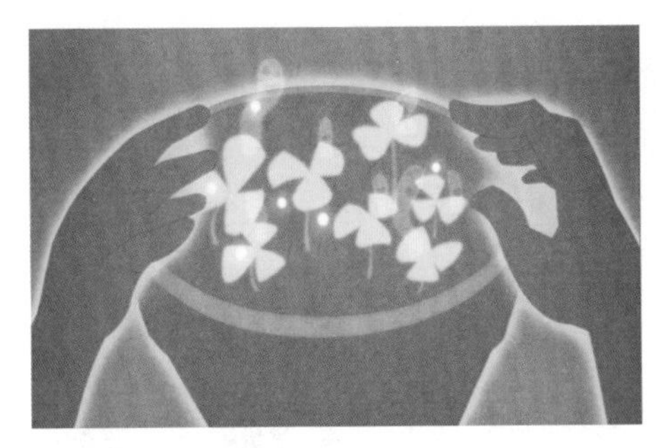

图 7－2－21

图 7－2－22

主光源、辅助光以及轮廓光是最基本的三种光线，场景设计中经常会用到这三种光源，在设计光照明中，轮廓光经常和主光副光配合使用，使画面影调层次富于变化，增加画面形式美感。掌握这三种光源对场景光影造型的影响，在以后的创作中才能管理好画面的光影关系。

四、背景光

背景光即光线来自于背景，指当背景在画面中占有重要的位置时，采用背景光将背景部分照亮的光线。

如，图7-2-23来源于动画短片《猫侠》，在屋里的灯光透过窗户的照射下，出现了猫侠的剪影，烘托猫侠的准备出手保护猫岛的复杂情绪，用繁杂的屋内陈设来衬托心情。图7-2-24也是动画短片《猫侠》的截图，照射在岩石与石柱的背景光烘托了整个环境大气氛，奠定了画面的色调基础。

图7-2-23

图7-2-24

图7-2-25是动画短片《鲸岛》的截图，海面的背景光作为整个大环境的感情渲染，从浅色转成深色，气氛由此急转直下，船只跌落，鲸岛即将毁灭。图7-2-26是动画短片《猫岛鼓浪屿妖怪志》的截图，背景的红色光作为整个大环境的烘托，火光冲天，气氛十分激烈，怪兽在背景的衬托下也显得格外的狰狞，感觉一场绝杀即将开始。

图7-2-25

图7-2-26

五、环境光

环境光是指对动画中人物环境照明的光线，多指内景和实景的人工光线，包括天光、后景光、前景光，是大型的陈设道具光的总和。环境光的处理是对动画设计师提供的环境进行再创作，其主要作用是：

（一）营造环境光线效果，如黄昏、黎明、月光、灯光等

在动画短片《牛牛和妞妞》的场景设计中，利用大红灯笼打造的喜庆光线效果，有序的灯笼营造美丽环境，天空也随之变暖（如图 7－2－27）。

图 7－2－28 是动画短片 *Fairy Tale* 的场景设计，利用早上射进窗户的阳光营造朦胧的环境，使周围的一切充满梦幻色彩，将女主角带入幻想的境地。

图 7－2－27

图 7－2－28

（二）说明故事发生的时间、地点

在动画短片《种星星》一组下雪的镜头中，光线作为环境光特意打在雪地上，随着雪花飘飘，很好地交代了故事的季节和地点（如图 7－2－29）。

图7－2－29

（三）在背景之中烘托和突出主体

如，图7－2－30，在整个海底的光线设计中，为了不让鱼群淹没在黑暗的背景里，让“追光灯”跟随游动的鱼群以牵动观众的视线。图7－2－31，整个深蓝色的天空中，“追光灯”被设计成星星点点的光线，带着光源的气球在深色的背景里形成了一道风景，起到烘托和突出主体的作用。

图7－2－30

图7－2－31

六、营造环境气氛

动画电影《花木兰》有一个镜头，在院子的木兰花树下，木兰父亲在安慰困境中的木兰："院子的花都开了，可是你看这朵迟了，但是等到她开的时候，将是万花丛中最美的。"一簇光线专门打在这个花骨朵上，既突出了主体，又营造出这个场景需要的气氛。

如，图7-2-32是动画短片《小丑》的一个镜头，一簇光线专门打在女主角的身上，在所有观众中，只有女主角的灵魂没有被控制，这簇光就营造出了这一特殊的效果。

图7-2-33是动画短片《侦探与幽灵》的一个镜头，一簇光线打在建筑物前，让观众在漆黑的夜晚中，将目光聚集到这幢屋子，营造出幽灵即将出现的效果。

图7-2-32

图7-2-33

七、修饰光

修饰光亦称装饰光，指修饰被摄对象某一局部的光线，用来美化局部，提高局部的关注度。

如，图7-2-34是动画短片《猫岛鼓浪屿妖怪志》的一个镜头，一束用来修饰众人的光线，跟着人们游动，起到了突出主体的作用。图7-2-35是动画短片《小丑》一个镜头，一束特效的修饰光打在小丑身上，突出并夸大小丑在舞台的作用。

图 7－2－34

图 7－2－35

图 7－2－36、图 7－2－37 是动画短片《种星星》的镜头。星星植株长大被当成一束光线用来做修饰，观众的视线跟着植株的成长步伐移动，起到了突出主体的作用，星星在舞台上起了渲染艺术气氛、营造良好艺术形式的作用。

图 7－2－36

图 7－2－37

图 7－2－38、图 7－2－39 是动画短片《伞兵》两个镜头，同一个机舱场景设计，随着故事情节的发展，窗外光源色彩也在不断变化，观众的心情也随之变化。图 7－2－38 中，机舱处于明媚阳光照耀下，人们的心情也跟着愉悦，图 7－2－39 中机舱的投射光变成了红光，人们的心情也跟着紧张起来。

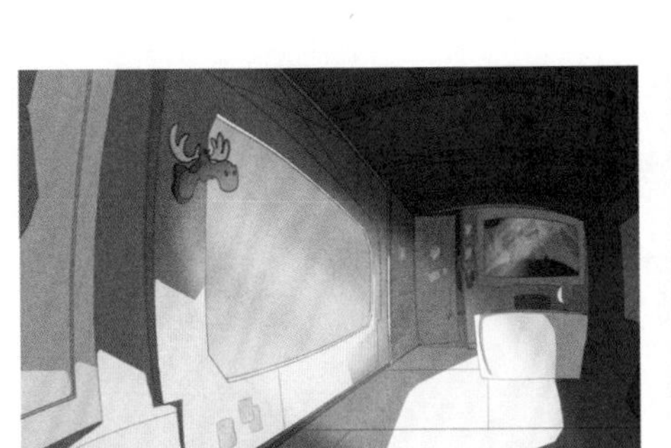

图7－2－38　　　　图7－2－39

图7－2－40、图7－2－41是动画短片《熄灯人》的两个镜头。相同的场景设计，分别利用台灯光源开与关的变化，观众的心情在这一关一开中也发生变化，这就是光的变化带给人们的效果。

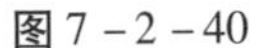

图7－2－40　　　　图7－2－41

以上五种光，即主光、副光、轮廓光、环境光和修饰光是动画场景设计之光影设计中五种常用的光线设计。光是一切影像的源泉，动画场景的立体感、层次感、空间感等，都需要光线才能得以展示。如何根据剧情的需要，正确地运用五种光，合理布置光源，对于烘托场景氛围起着十分重要的作用，丰富场景细节，增强动画场景设计的光影效果，是场景设计中非常重要的一部分，也是增强动画表现力的有效途径。

小　结

本章介绍了光影的特点和光影造型的基本用法，如何巧妙地使用光影造型营造场景氛围，配合不同的镜头语言，利用五种光的特点突出画面感，这是进行场景设计中比较高深的问题。在日常生活中，同学们可以对不同的光照效果进行练习，提高观察力和表现力，让自己更加熟悉光的特性，为场景设计做准备。

课程作业

对同一个场景进行变化光源的各种光影练习。

参考文献

1. 孙立军. 影视动画场景设计 [M]. 北京：中国宇航出版社，2003.

2. 孙凰耀. 动画场景色彩对观众情绪的影响 [J]. 艺术与设计（理论），2011（4）.

3. 李珩. 三维动画场景的设计形式研究 [D]. 黄石：湖北工业大学，2008.

4. 焦瑾瑾，王鹏. 浅析动漫中场景的创作和设计 [J]. 华章，2011（22）.

5. 刘红琴. 谈动画片场景设计的构思方法 [J]. 文教资料，2010（13）.

6. 于虹. 影视动画的场景设计——融合历史时代性，把握艺术整体造型 [J]. 科技创新导报，2009（19）.

7. 刘佳陶. 三维影视动画场景的艺术建构 [D]. 兰州：西北师范大学，2010.

8. 张旭辉. 浅谈 FLASH 动画制作中的场景设计 [J]. 决策与信息（下旬刊），2016（1）.

9. 梁怡. 浅析动画影片中的场景设计 [J]. 甘肃科技，2011（14）.

10. 李洁，宋军. 动画电影中场景气氛的营造 [J]. 电影评介，2008（3）.

11. 许之敏. 民间剪纸 [EB/OL]. https：//max. book118. com/html/2015/0412/14737993. shtm.

12. 张丹. 中国当代装饰绘画艺术的形式美感研究 [D]. 哈尔滨：哈尔滨理工大学，2011.

13. 余兰. 基于数字技术的二维动画与三维动画的比较研究 [J]. 科学决策，2008（10）.

14. 周登富. 银幕世界的空间造型 [M]. 北京：中国电影出版社，2000.

15. 吕志昌. 影视美术设计 [M]. 北京：北京广播学院出版社，2001.

16. 曹金明，刘军．动画场景设计［M］．北京：科学出版社，2006.

17. 陈贤浩，王红江．动画场景设计［M］．上海：复旦大学出版社，2008.

18. 刘家齐．装饰绘画语言在动画创作中的应用研究［D］．西安：西北大学，2015.

19. 黎首希．论色彩在动画场景中的功能［J］．艺术与设计（理论），2010（11）．

20. 谭红毅．中国传统视觉元素在动画场景设计中的应用研究［D］．南京：东南大学，2011.

21. 叶櫓．次时代游戏场景设计［M］．北京：京华出版社，2011.

22. 侯锦．建筑风景速写教学方法研究［J］．时代报告（学术版），2013（2）．

23. 朱晓飞．图案与构成［M］．郑州：郑州大学出版社，2014.

24. 郎昆，周婷．立体构成［M］．上海：东华大学出版社，2006.

25. 张守民．浅析电视摄像构图中的技巧与几点禁忌［J］．内蒙古科技与经济，2012（3）．

26. 朱贵杰，杨林．动画速写［M］．南京：南京大学出版社，2014.

27. 罗萍．广告视觉设计基础［M］．厦门：厦门大学出版社，2005.

28. 方明．广告设计基础课程辅导［M］．上海：上海财经大学出版社，2005.

29. 秦小小．目点的“巧”与视觉的“幻”：透视在动画场景中的运用［D］．杭州：中国美术学院，2014.

30. 唐勤．明度与色彩问题研究［J］．美术界，2012（12）．

31. 陈杰．探析色彩的功能性［J］．广西轻工业，2009（5）．

32. 张福昌．造型基础［M］．北京：北京理工大学出版社，1994.

33. 朱建强，罗萍．平面广告设计［M］．武汉：武汉大学出版社，2006.

34. 李铁．动画场景设计［M］．2 版．北京：清华大学出版社，2012.

35. 汪璎．动画场景设计［M］．上海：东方出版中心，2008.

36. 陈辞．国产动画《大闹天宫》的装饰美学特征及成因探讨［D］．南京：南京师范大学，2010.

37. 田思雨．新海诚动画电影的空间意象叙事［J］．绵阳师范学院学报，

2017（9）.

38. 胡笑颖．幻想风格的三维动画场景设计研究［D］．长沙：中南林业科技大学，2014.

39. 杨建涛．电视摄像［M］．武汉：华中科技大学出版社，2011.

40. 李振营，李慧欣．影视专业基础知识［M］．北京：中国传媒大学出版社，2009.

致 谢

感谢我在教学过程中指导的学生，他们所创作的动画短片对我们编写本书提供了许多帮助；同时，感谢福州大学厦门工艺美术学院、金陵科技学院同事的支持！

现将本书所采用的作品及其创作者名单分列如下：

《西北雨》 蔡斯琳 朱 云 张懿燊

《倒霉的羊》 王美琦 张 娜

《博之趣》 张晓鹏 杨思萌

《春草闯堂》 张潇珑 张 清 华霞玲

《再见大海》 黄鹏政 徐勋杰 马冬冬

《天黑黑》 张世谊 叶华山 叶灵涵 李金祥

《猫岛鼓浪屿妖怪志》 吴华隆 林 盛 王啸天 谢振威

《兔子料理》 李冠俊 黄菲 饶思司 黄建州 陈成坚

《小丑》 王 丹 康 彤 薛延延 黄惠君 胡海红

《涅槃》 何茹云

《有梦的孩子不孤单》 赖咏清 陈铭疆 崔维国 张诗绵 容 珊

《渔童》 黄康伟 陈行炜 王桂元 王黎明 赵 敏

《种子》 曾晓辉 苏铭 吴薛佳 杨 晖 方 韵

《浮冰》 赖发铸 缪晓铃 黄丽娜 陈珊珊 王昌洪

《忧天》 刘旭峰 周 琦 王 青 陈昌仁 陈积金

Change 沈路晖 陈 昕 高怡丹 陈婧若 曾雅兰

《鹊桥汇》 陈春花 张 纯 崔宝礼

Cloud Loli 段蕊蕾 郭燕楠

Free Man 姚锦清

《安的种子》 胡园园 郭紫千 李 佳

《会飞的企鹅》 陈宾宾 林彩云 付 宾

Day Dream 涂颖艳

Lonely 卓越

Life Tree　柯耐红　黄雨薇　张　宇　卢　翔　张潇珑
《伞兵》　陈忠杰　陈宝国　全盛焕
《熄灯人》　江艺青　吴婷婷
《记录中国》　陈至杰　陈灿彬段蕊蕾　韩佳淇
Fairy Tale　丘玉微　陈旭原
《童年》徐玉　王佳伟　张　斌　王　斌
《侦探与幽灵》　刘　捷　陈荣华　周　华　陈　涵
《外星联萌》　周宛青　王　娟　朱丽烨　张玉萍
《隐形的翅膀》　吴天羽　王　榕　张逸凡

陈　磊
2019年元月